宇视 1+X 职业技能等级证书配套系列教材

可视智慧物联
系统实施与运维 初级

浙江宇视科技有限公司　编著

电子工业出版社
Publishing House of Electronics Industry
北京·BEIJING

内 容 简 介

人工智能物联网（AIoT）融合人工智能（AI）技术和物联网（IoT）技术，利用传统信息与通信技术（ICT）提供的基础设施进行更高维的人工智能应用。本书从行业概述、硬件验收和安装、设备连接、系统调试和运维几个角度，深入讲解了可视智慧物联系统。

本书内容涵盖了网络摄像机（IPC）、网络硬盘录像机（NVR）、解码器（DC）、前端人脸产品（如AI IPC和AIbox）、出入口控制系统（ACS）和可视智慧物联平台（VMS）等关键设备的知识点，从实际产品功能出发，为读者讲解了产品硬件安装、业务软件调试和维护的重点技术。

本书适合智慧安防（安全防范）系统规划设计、基础软/硬件安装与调试、操作与维护、系统运维、优化、交付、项目管理等岗位工作的技术和维护工程师，以及售前与解决方案工程师和销售工程师阅读，也适合职业技术院校和应用型本科高校师生、AIoT技术爱好者及相关从业者阅读和参考。

图书在版编目（CIP）数据

可视智慧物联系统实施与运维：初级 / 浙江宇视科技有限公司编著. —北京：电子工业出版社，2022.1

宇视1+X职业技能等级证书配套系列教材

ISBN 978-7-121-42778-7

Ⅰ．①可⋯　Ⅱ．①浙⋯　Ⅲ．①物联网－职业技能－鉴定－教材　Ⅳ．①TP393.4②TP18

中国版本图书馆CIP数据核字（2022）第011353号

责任编辑：李树林　　文字编辑：底　波
印　　　刷：河北鑫兆源印刷有限公司
装　　　订：河北鑫兆源印刷有限公司
出版发行：电子工业出版社
　　　　　北京市海淀区万寿路173信箱　邮编：100036
开　　本：787×1 092　1/16　印张：19　字数：486千字
版　　次：2022年1月第1版
印　　次：2022年1月第1次印刷
定　　价：69.80元

凡所购买电子工业出版社图书有缺损问题，请向购买书店调换。若书店售缺，请与本社发行部联系，联系及邮购电话：（010）88254888，88258888。

质量投诉请发邮件至 zlts@phei.com.cn，盗版侵权举报请发邮件至 dbqq@phei.com.cn。

本书咨询和投稿联系方式：（010）88254463，lisl@phei.com.cn。

宇视 1+X 职业技能等级证书配套系列教材
编写委员会

李梅芳　北京政法职业学院

李福胜　浙江宇视科技有限公司

汪海燕　浙江警官职业学院

邵有为　重庆电子工程职业学院

陈　昊　武汉警官职业学院

陈　威　浙江安防职业技术学院

陈　瑶　北京政法职业学院

罗明从　浙江警官职业学院

郑　伟　浙江安防职业技术学院

涂婧璐　海南政法职业学院

黄超民　武汉警官职业学院

龚　娇　吉林司法警官职业学院

谢李蓉　四川司法警官职业学院

编委会技术委员（浙江宇视科技有限公司）：

常慧颖　洪源斌　秦毓峰　王国富　王俊锋

推荐序（一） ▶ FOREWORD

产业工人是创新驱动发展的骨干力量，是实施制造强国战略的有生力量。产业工人队伍建设改革是全面深化改革的重要内容。

2017年，中共中央、国务院印发了《新时期产业工人队伍建设改革方案》，明确提出，要把产业工人队伍建设作为实施科教兴国战略、人才强国战略、创新驱动发展战略的重要支撑和基础保障，纳入国家和地方经济社会发展规划，造就一支有理想守信念、懂技术会创新、敢担当讲奉献的宏大的产业工人队伍。

2019年，国家发展改革委、教育部、工业和信息化部等6部门印发《国家产教融合建设试点实施方案》，提出要深化产教融合，促进教育链、人才链与产业链、创新链有机衔接，推动教育优先发展、人才引领发展、产业创新发展、经济高质量发展相互贯通、相互协同、相互促进。

2019年，教育部、国家发展改革委、财政部、市场监管总局联合印发了《关于在院校实施"学历证书+若干职业技能等级证书"制度试点方案》，深化复合型技术人才培养培训模式和评价模式改革，提高人才培养质量，畅通技术技能人才成长通道，拓展就业创业本领。

深化产教融合改革是推进人力人才资源供给侧结构性改革的战略性任务，是推动教育优先发展、人才引领发展、产业创新发展、经济高质量发展相互贯通、相互协同、相互促进的战略性举措，有利于促进教育和产业体系人才、智力、技术、资本、管理等资源要素集聚融合、优势互补，从而打造支撑教育和产业高质量发展的新引擎。

2021年，数字安防产业已列入浙江省政府产业集群重点战略，浙江省委省政府明确提出，要聚力打造世界级数字安防产业集群，并将数字安防列为浙江省重点打造的十大标志性产业链之首，安防产业迎来新的发展机遇。万亿元级产值的安防产业的高质量发展，必须依靠知识型、技术型、创新型的产业工人。浙江省安全技术防范行业协会与企业积极发挥推进产业工人队伍建设改革的思想自觉、政治自觉和行动自觉，扎实推进产业工人队伍建设改革，为给安防产业高质量发展提供强大人力支撑而进行了许多创新性的探索。

浙江省安全技术防范行业协会牵头以"提升数字安防从业人员职业技能与综合素质水平"为目标，搭建了"人才赋能基地"，提供安防工程专业职称评审、安防在线学习平台

（"学习图强"平台）、安防·应急产业数字化领军班、学历继续教育等服务。

浙江宇视科技有限公司（简称宇视）以培育高"素能"安防产业工匠为己任，针对高校师生、宇视内部工程师、宇视生态圈工程师设计了多元化的培养方案，助力劳动者转型为高"素能"工匠，助力安防产业向高端智能化迈进。2020年，宇视成功入选为"学历证书+若干职业技能等级证书"（简称1+X证书）制度试点的第四批职业教育培训评价组织。《可视智慧物联系统实施与运维（初级）》是宇视为高职院校量身打造的课程配套教材，基于行业实战需求搭建校园与AIoT的桥梁，提升学生职业竞争力，为行业培养合格的人才。

人才是产业发展的第一资源，在"十四五"开局之年，我们要认真学习和领悟习近平总书记在全国劳动模范和先进工作者表彰大会的讲话，扎实推进产业工人队伍建设改革，为数字安防产业高质量发展提供强大人力支撑。

全国安防职业教育联盟理事长

浙江省安全技术防范行业协会秘书长

推荐序（二） ▶FOREWORD

职业教育是国民教育体系和人力资源开发的重要组成部分，肩负着培养多样化人才、传承技术技能、促进就业创业的重要职责。在全面建设社会主义现代化国家新征程中，职业教育前途广阔、大有可为。

国务院在《国家职业教育改革实施方案》中明确提出，职业教育与普通教育是两种不同类型的教育，具有同等重要地位，且提出"双高"建设计划来推动职业教育的高质量发展，旨在打造技术技能人才培养高地和技术技能创新服务平台；引领职业教育服务国家战略、融入区域发展、促进产业升级。在提出职业教育提质培优计划后，"学历证书+若干技能等级证书"制度开始逐步走入高素质技术技能人才的职业化教育。

安全防范技术专业是培养具有良好的政治思想和道德素质，掌握安全防范技术专业岗位所需的知识技能，能够在平安城市智能小区、银行和企事业等单位的技术部门从事安全防范系统建设、管理、维护，并能够在安全防范行业从事工程实施、设备生产与销售等辅助性工作岗位的高素质技术技能型人才。高职院校培养安全防范技术专业合格人才，必须始终对接本专业的发展方向，围绕本专业对应各类岗位的技术技能予以培养，在人才培养优化、实训条件建设、"三教"（教师、教材、教法）改革上走出安防特色。

"双高计划"肩负着引领我国职业教育高质量发展、实现现代化的重要使命。同时，专业持续化改革是实现各高职院校走向"双高"的重要步骤。对于有安防专业的高职院校来说，大力建设和推动安防专业的改革，落实高质量发展要求，瞄准产业实际需求与发展方向，深入探索研究安防专业标准教学体系，推动安防专业教学质量提升，对安防专业或专业群的高水平建设有着重要的意义。实现上述发展规划，首先深化专业改革是努力方向。第一提升专业发展格局，在安防系统新技术新理念的发展中找准产业实际人才需求。第二完善专业发展机制，特别是要研究适用于安防专业的教学标准以及人才培养标准，聚焦安防高端产业和产业高端，构建安防人才特色化培养体系。第三产教融合是发展主线。产教融合、校企合作，特别是和龙头企业的合作，是职业教育能更好发展的主攻点和突破口，也是实现"双高计划"的基本路径。其核心是创新高职与产业深度融合，为产业逐渐形成核心竞争力而提供有力人才支撑。

　　高职院校通过 1+X 证书制度试点，以"双高"建设为抓手，培养合格人才。在推行 1+X 证书制度试点过程中，配套教材开发是必不可少的，也是实现高职"三教"改革的重要一环。对于《可视智慧物联系统实施与运维（初级）》教材的编写，我校多位一线教学教师参与其中。本教材中大量的案例、教学内容均来自我校实际的教学内容，同时参考了安防产业及部分企业的实际工作案例。本教材在实用性、逻辑性上均有较高的水准，能为高职院校校企合作、产教融合的人才培养服务。

浙江安防职业技术学院院长

浙江省科社学会副会长

推荐序（三） ▶ FOREWORD

教育部等四部门联合印发《关于在院校实施"学历证书+若干职业技能等级证书"制度试点方案》，部署启动 1+X 证书制度试点工作。1+X 证书制度是落实立德树人根本任务、深化产教融合校企合作的一项重要制度设计，是构建中国特色现代职业教育体系的一项重大改革举措。

"1"是学历证书，是指学习者在学校或者其他教育机构中完成了一定教育阶段学习任务后获得的文凭；"X"为若干职业技能等级证书。1+X 证书制度，就是学生在获得学历证书的同时，鼓励取得更多合适的职业技能等级证书。"1"是基础，"X"是"1"的补充、强化和拓展。

学历证书和职业技能等级证书不是并行的，而是相互衔接和相互融通的。学历证书和职业技能等级证书相互衔接、融通是 1+X 证书制度的精髓所在。这种衔接、融通主要体现在：职业技能等级标准与各个层次职业教育的专业教学标准相互对接；"X"证书的培训内容与专业人才培养方案的课程内容相互融合；"X"证书培训过程与学历教育专业教学过程统筹组织、同步实施；"X"证书的职业技能考核与学历教育专业课程考试统筹安排，同步考试与评价；学历证书与职业技能等级证书体现的学习成果相互转换。

1+X 证书制度的实施，将有力促进职业院校坚持学历教育与培训并举，深化人才培养模式和评价模式改革，更好地服务经济社会发展；将激发社会力量参与职业教育的内生动力，有利于推进产教融合、校企合作育人机制的不断丰富和完善；将有利于院校及时将新技术、新工艺、新规范、新要求融入人才培养过程，不断深化"三教"改革，提高职业教育适应经济社会发展需求的能力；将有利于实现职业技能等级标准、教材和学习资源开发，有利于对人才客观评价，更有利于科学评价职业院校的办学质量；将极大驱动职业教育现行办学模式和教育教学管理模式的变革。

安防行业主要是以构建安全防范系统为主要目标的产业。伴随新技术在安防行业的广泛应用，安防行业正在从重点服务于"平安城市"建设，拓展到交通、环保、应急工矿、社区等生产生活领域，成为经济社会发展的重要基础设施之一。

经过长期发展，我国安防行业在地域分布上形成了以电子安防产品生产企业聚集为主要特征的"珠三角"地区、以高新技术和外资企业聚集为主要特征的"长三角"地区，以及以集成应用、软件、服务企业聚集为主要特征的"环渤海"地区三大产业集群，占据了我国安防产业 2/3 以上的份额。其中，以浙江、上海、江苏为中心的"长三角"地区，已成为安防产品制造业的一个重点地区。

浙江宇视科技有限公司（简称宇视）是全球 AIoT 产品、解决方案与全栈式能力提供商，以人工智能、大数据、云计算和物联网技术为核心的引领者。宇视创业期间（2011—2021 年），营收实现超 20 倍增长，产品和解决方案应用已遍布全球 140 多个国家和地区；2018 年进入全球前 4 位，研发技术人员占公司总人数的 50%；在中国的杭州、深圳、西安、济南、天津、武汉设有研发机构，在桐乡建有全球智能制造基地。

宇视专利申请总数达 2500 件，其中发明专利占比为 81%，涵盖了光机电、图像处理、机器视觉、大数据、云存储等各个维度。宇视每年将超过 10% 的营收投入研发，为可持续发展提供有力支撑。宇视推出 AIoT 大型操作系统 IMOS，探索"ABCI"技术的前沿，在大数据、人工智能、物联网等领域的产品方案已连续应用落地。

宇视作为 AIoT 行业领军企业，基于多年企业内部完善的培训体系和多年的二十多万人次的培训经验，2020 年 9 月，从 984 份有效申请中脱颖而出，宇视入选 1+X 证书制度试点第四批职业教育培训评价组织，其《智慧安防系统实施与运维》职业技能等级证书也作为首批 AIoT 类 X 证书发布。

要落实 1+X 证书制度，配套教材开发是必不可少、至关重要的一环。本教材开发团队组织了行业专家、企业专家、教学专家、课程与教材开发专家等，对教材的策划、申报、立项、编写、使用及效果评价等进行全过程的统筹和实施。本教材开发过程中紧密对接了《智慧安防系统实施与运维》X 证书标准、对接了安全防范技术、物联网工程、智能监控技术、智能终端技术与应用、建筑智能化工程技术、网络安防系统安装与维护、楼宇智能化设备安装与运行、人工智能技术应用、数字安防技术等专业教学标准，对接了企业生产需求，对接了中高本衔接的职教体系，对接了必需的职业道德和职业精神。

本教材在知识的专业性、设计的逻辑性、内容的实用性方面，均有较高水准，可用于《智慧安防系统实施与运维》职业技能等级的教学，也可供 AIoT 从业者使用。

全国安防职业教育联盟理事长
全国司法警官教育联盟副理事长
全国司法职业教育教学指导委员会委员
浙江警官职业学院副院长、教授

推荐序（四） ▶ FOREWORD

万物智慧互联的 AIoT 时代，人工智能与物联网技术在实际应用中的融合落地，日益催生新的生产力，正深刻改变着社会运行和我们的生产、工作和生活方式。同时，视频作为信息量最大的传感器采集数据，使得视频系统成了新的信息化核心基础设施。当前，在城市治理、社会民生、园区管理、立体化交通、工业制造、楼宇信息化等领域，已经孵化了众多 AI 与 IoT 技术融合的创新应用。例如，随着消费者对饮食健康重视程度的加深，越来越多的餐饮企业为了迎合消费者，在强化食材溯源基础上，通过"明厨亮灶"AI 智能算法部署，对菜品、烹饪现场进行安心展示，还可以检测是否有老鼠出入等来守护舌尖上的安全；通过 AIoT 摄像机的部署，当识别电瓶车进入电梯后，摄像机自动联动电梯，"车不离、梯不关"，有效地减少了电瓶车上楼的消防安全隐患问题；智慧园区，除视频数据信息外，还融合了园区停车、消防、能源环境等相关数据信息，为园区用户构建起覆盖访客、会议、停车、能源环境管理、视联网信息发布等各类业务的整体数字化、智能化解决方案……

浙江宇视科技有限公司（简称宇视）是全球 AIoT 产品、解决方案与全栈式能力提供商，以物联网、人工智能、大数据和云计算技术为核心的引领者。宇视致力于以核心硬件+操作系统平台奠定产业链基础，让 AIoT 解决方案触达更广阔的应用场景。

为培养从事 AIoT 产业生态的从业人才，宇视推出了首创的培训认证体系。宇视完善、丰富的进阶式培训认证课程的推出受到了学校、合作伙伴的广泛欢迎。2019 年，国务院印发了《国家职业教育改革实施方案》，明确提出启动 1+X 证书制度试点工作。2020 年 9 月，宇视从 984 份有效申请中脱颖而出，入选 1+X 证书制度试点第四批职业教育培训评价组织。其"智慧安防系统实施与运维"职业技能等级证书也作为 AIoT（人工智能+物联网）类领先的 X 证书发布。宇视作为《智慧安防系统实施与运维》职业技能等级证书及标准的建设主体，对其证书的质量和声誉负责，主要职责包括相关标准开发、教材和学习资源开发、考核站点建设、考核颁证等，并协助试点院校实施证书培训。宇视作为《智慧安防系统实施运维》职业技能等级证书标准的制定者，其培训认证项目已在众多院校落地实施。为此，宇视深感责任和使命重大。

通过参与 1+X 证书制度试点，宇视期待和各院校建立深度的校企合作，在人才培养、专业建设和师资培养等维度上积极探索"理论与实践相结合"的科学教育方法，顺应国家职业教育改革的方向，深化产教融合、校企合作、育训结合，健全多元化办学格局，培养更多的实用型 AIoT 人才。

宇视通过 1+X 证书项目的实施，并在各院校师生和生态力量的鼎力支持下，一定能为 AIoT 产业培养出千千万万的人才，和大家携手共创 AIoT 的美好未来！

浙江宇视科技有限公司副总裁
浙江宇视科技有限公司技术服务部总裁

前 言 ▶PREFACE

人工智能物联网（AIoT）技术的快速发展促使了技术人才需求的不断增加。本书从行业、企业、学校教学及专业建设的角度出发，着力满足职业技术院校和应用型本科高校在校生学习专业知识、相关行业从业者提升工作效率等需求。

本书主要面向人工智能（AI）和物联网（IoT）技术相关的企业、系统集成商、工程商、行政机构、企事业单位等的安防系统建设与运维、技术支持部门，以及从事智慧安防系统基础硬件安装与调试、操作与维护、系统运维等岗位的工作人员，从而助力他们根据项目部署要求，实现设备软/硬件安装、系统配置及系统的"看、控、存、管、用"。

本书适合以下几类读者。

- 职业院校和应用型本科高校学生。
  - ➢ 本书可作为中等职业学校网络安防系统安装与维护、建筑智能化设备安装与运维、电子信息技术、电子技术应用、计算机应用、计算机网络技术、安全保卫服务、物业服务等专业教材。
  - ➢ 本书可作为高等职业学校安全防范技术、安全工程技术、安全技术与管理、安全智能监测技术、电子信息工程技术、工程安全评价与监理、工业设备安装工程技术、工业互联网技术、计算机网络技术、大数据技术、计算机应用技术、建筑设备工程技术、建筑智能化工程技术、人工智能技术应用、软件技术、司法信息安全、司法信息技术、智能互联网络技术、物联网应用技术、现代物业管理、信息安全技术应用、应用电子技术、智能安防运营管理、智能产品开发与应用、智能交通技术、智能控制技术等专业教材。
  - ➢ 本书可作为应用型本科学校物联网工程、电子科学与技术、智能科学与技术、信息管理与信息系统、信息工程、网络工程、电子信息工程、建筑电气与智能化、物业管理等专业教材。
  - ➢ 本书可作为高等职业教育本科学校人工智能工程技术、数字安防技术、智慧社区管理、智慧司法技术与应用等专业教材。
- 相关行业从业者。本书供企业进行 AIoT 相关知识的培训使用，以帮助从业者了解和熟悉各类人工智能和物联网的应用，提升工作效率。
- AIoT 技术爱好者。本书可供对 AIoT 技术感兴趣的爱好者学习使用。

本书主要面向人工智能（AI）和物联网（IoT）技术相关的企业、数字化转型的传统企事业单位、政府及安防上下游制造商、系统集成商、工程商、信息技术服务企业等的安防系统建设与运维、技术支持和规划设计部门，从事智慧安防系统规划设计、基础软/硬件安装与调试、操作与维护、系统运维、优化、交付、项目管理等岗位。

第 1 章　可视智慧物联概念认知

本章首先讲解可视智慧物联的先导概念"安全防范"，然后介绍以视频为主的智慧物联的监控系统，接着对可视智慧物联系统常见的音/视频接口、数据及控制接口和常见线缆使用进行了详细讲解，同时对使用场景和方法进行阐述。

第 2 章　硬件安装

本章按照设备到货安装的流程，从硬件设备到货签收及存放、前端设备安装、后端设备安装三个不同的角度进行讲解。本章涉及的产品有前端 IPC、后端 NVR 和 IPSAN 等。本章使读者熟悉 AIoT 产品的到货验收、掌握硬件安装方式和方法，减少因为施工而带来的相关问题。

第 3 章　设备连接

设备连接和连通是构建 AIoT 网络的第一步。本章从 AIoT 系统的采集、存取、显示、出入口控制系统、解码、人脸识别、综合监控一体化平台、网络交换等主要设备着手，重点介绍系统设备的连接、连通和测试。

第 4 章　系统调试

本章主要讲解的产品是 IPC、NVR、解码器、人脸设备、出入口和 VMS-B200 平台等。本章从实际产品功能出发，主要讲解了产品的开局工作，如 NVR 搜索设备并添加、字符叠加配置、时间同步配置、录像存储计划配置、云台预置位配置、视频轮训、轮切功能配置、客流量统计等。

第 5 章　系统运维

对于一个系统而言，有时我们无法预知事故，系统越复杂，其维护难度越大。为了减少损失，我们尽可能地去预防各种事故。本章基于第 4 章出现的常见问题进行汇总，如硬件资源管理与维护、软件资源管理与维护、例行维护与故障处理等。这些常见案例及问题的讲解将对我们日常的系统运行维护带来极大的帮助。

为了启发读者思考，提高学习效果，本书所设实验均为任务式的，而且在每章的最后配有习题。

各类设备和各版本产品界面、操作、维护信息等均可能有所差别。由于作者水平有限，书中可能存在错误和不当之处，恳请读者批评指正。如果读者有问题想和作者探讨，请发电子邮件至 training@uniview.com。

编著者

目 录 ▶CONTENTS

第 1 章

可视智慧物联概念认知

1.1 系统引入

安全防范是指以维护公共安全为目的，为防入侵、防盗窃、防破坏、防爆炸、防火及进行安全检查等所采取的方法和措施。随着电子技术、传感技术和计算机技术的发展，安全防范技术逐步发展成为一门专门研究公共安全的技术学科。随着社会经济的不断发展、城市建设速度和规模的逐渐扩大，对社会治安监控、智慧城市、智能交通、智能楼宇、工业 4.0、环境监测等以视频监控系统为基础的应用需求越来越多、越来越丰富，视频图像技术越来越深入到每个行业，涉及每个人的工作和生活。

视频监控系统在传统意义上是安全防范系统的重要组成部分，它以直观、准确、及时和信息内容丰富而广泛应用于许多场合，随着计算机、网络、图像处理、传输技术的飞速发展，视频监控技术呈现出可视智慧物联的发展态势。

在可视化业务呈现层面，宇视车牌识别、车款识别、车辆轨迹、人脸多样采集、人员检索、人员轨迹跟踪、人车布控等多项功能，以地图引擎为业务承载体，实施显示视频监控点位，路网信息、车辆／行人轨迹等准确信息。

在智慧业务层面，千亿数据的秒级检索、车辆／行人等特征值的高精度信息捕获及识别和数据存储及处理效率的提升催化了人工智能的深度应用。

在物联网基础设施层面，平台大联网新一代智能前端和超感技术的应用，使得需要接入的设备增多，多种设备互连互通成为普遍现象。

本章首先介绍安全防范、安全防范系统、视频监控系统等概念，然后根据视频监控系统的应用需求介绍视频监控系统组成，最后讲解视频监控系统常见的接口和线缆。

1.1.1 可视智慧物联概念

1. 可视智慧物联与安全的概念

伴随社会的发展和人民生活水平的提高，当今社会，安全已成为人们日常生活中使用频率相当高的词语之一。"安全"所表示的是一种状态，一种没有危险、不受威胁、不出事故的客观状态或者客观存在。这种客观状态是个人和团体在实现目标的过程中不受损失和损害的基本保证。安全是人类的一种基本的社会需求。人类在解决了自己的食、衣、住、行，即生理上的需要后，首先产生的就是对安全上的需求。安全是人类各项生理活动正常进行的基本保障，它包括工作收入稳定、健康条件、生命财产不受侵害等，其中生命财产安全是重要的内容。没有安全保障，人的社交、尊重、实现自我等需求就无从谈起，可见安全在生命繁衍和人类生存发展中是何等重要。

2. 可视智慧物联与安全相关的几个术语

在开展安全防范时，有几个与安全相关的术语常常要涉及。

（1）安全价值。安全这一客观状态，能够保障主体生存，促进主体发展，因此安全又表现为一种价值，这种价值称为安全价值。安全价值与安全一样，也是客观存在且不以人的意志为转移的。充分实现安全价值，是安全防范活动努力追求的社会效益。

（2）安全度。安全度是一个表示安全程度的概念，表达的是主体免于危险的程度。安全度目前还难以通过制定统一的量化标准从数量上来刻画，但可以在不十分严格的意义上对其进行一定的质的描述。通常，将存在风险的程度可以接受视为安全的底线。

（3）安全感。安全感是主体对自身安全状态的体验及经验性判断，它是客观安全状态的一种主观反映。安全与安全感两者之间不存在固定的正比或反比关系，其关系比较复杂。作为一种安全主体对自身安全状态的自我意识、自我评价，安全感与客观的安全状态有时比较一致，有时相差甚远，这种现象在日常生活中会经常出现。一般情况下，安全度的增加导致安全感的增加，一定程度的安全感产生于一定程度的安全度。但是，在有些情况下，安全度高并不意味着安全感高，反之亦然。

（4）安全判断。安全判断是对一定主体的安全度的认知。安全判断与安全感同样也是客观安全状态的一种主观反映，但它与安全感的不同之处是，安全判断的对象不仅是判断者自身的安全状态，而且包括了其他对象的安全状态。理性思维在安全判断中占据主导地位，具有较好的安全判断能力是作为一个安全防范工作者的基本素质。

3. 可视智慧物联与安全防范

自从人类一出现，就始终与自然灾害、外来侵害和各种利害冲突之间的矛盾结伴，与由此产生的各种安全风险共存。人类得以发展进化到今天，正是因为人类及时有效地实施了各种有针对性的安全防范。为了保证及时发现、制止、减少各种危害的发生、蔓延和发展，安全防范所采用的基本手段通常有3种，即人力防范、实体防范和技术防范。

（1）人力防范（人防）：指执行安全防范任务的具有相应素质人员或人员群体的一种有组织的防范行为（包括人、组织和管理等）。

（2）实体防范（物防）：指用于防范目的的、能延迟安全风险事件发生的各种实体防护手段，包括建（构）筑物、屏障、器具等。

（3）技术防范（技防）：指利用各种电子信息设备组成系统和网络以提高探测、延迟、反应能力和防护功能的安全防范手段。

人防和物防是古已有之的防范手段。人防系人的天然属性，无须细述。就物防而言，我国发掘出古代木锁，从年代推算已是史前时代。随着人类的繁衍，木锁已发展到今天的含有人体生物特征识别技术的锁。同样，随着时代的进步，人防的方式方法也发生了巨大的变化：由人生存本能的自我设防，到组织性、素质要求不高的更夫，再到如今具有相应素质的人员或人员群体的一种有组织的防范行为，这些既是安全防范的进步，也是人类文明的进步。

技防是科学技术综合应用于安全防范的产物。有记载的技防手段应用雏形追溯至 19 世纪中叶，其里程碑是由电气线路和电铃一类的声响装置组成的报警器用于防盗报警。20 世纪 30 年代，特别是第二次世界大战以后，由于经济复苏、安全需求增强及微电子技术的迅速发展，能够自动获取、传递、处理和控制安全信息的各种电子信息科学技术，以可靠性、成本、效率方面的突出优势，开始应用于安全防范中，代替人和物扮演卫士的角色，技防的理念逐步被人们所接受，技防的手段越来越多地被人们所采用。

人防、物防、技防这三种不同的防范手段各有自己的特点和适应性，同时也都有各自的局限性。在安全防范中采取哪种手段，以哪种手段为主、哪种手段为辅，应具体问题具体分析。但可以肯定的一点是，在各种类型的安全防范中，人防绝对不是能够完全被代替的。人防、物防、技防合理组合起来形成优势互补，可以更好地发挥它们的作用。

4．可视智慧物联与安全防范技术

技防手段所凭借的科学技术称为安全防范技术。它通常是指一组专门用于社会安全防范的，旨在实现预防、制止违法犯罪和重大治安事件为目的的，多学科交叉和融合的综合性应用科学技术。

现阶段的安全防范技术主要有：入侵报警技术、视频监控技术、出入口控制技术、防爆安全检查技术、实体防范技术等，主要适用于对非法入侵、盗窃、抢劫、破坏、爆炸等涉及生命财产安全的违法犯罪活动和群体性重大治安事件的防范。安全防范技术所针对的是多发性、危害性、影响面较大的社会安全问题。随着科学技术的进步，几乎所有的高新技术都迟早将移植或应用于安全防范中。安全防范新技术、新理念将会不断涌现，安全防范技术的范畴将会不断扩大，种类不断增多，并且越来越广泛地应用于维护社会安全的各个领域。

1.1.2　可视智慧物联与安全迭变

1．可视智慧物联与安全防范系统概念

安全防范是以系统科学理论为指导，以安全防范系统为依托而进行的。安全防范系统是一个人防、物防、技防手段相结合，探测、延迟、反应组成要素相协调，具有预防、制止违法犯罪行为和重大治安事件，维护社会安全功能的有机整体。与任何安全系统一样，安全防范系统是要建立一个可以预测损失和损害的环境，以最大可能将风险事件抑制于萌芽之中。

2．可视智慧物联与安全防范系统的主要组成

安全防范系统可以根据需求将图像监控、探测报警、管理控制、通信广播、巡更考勤等功能聚合在一起，构成实现不同功能的子系统，安全防范系统的子系统主要包括以下几种。

（1）视频监控系统是各行业重点部门或重要场所进行安全保卫的物理基础，管理部门可通过它获得有效的图像或声音信息数据，对突发性异常时间的过程进行实时监控和录像，用于提供高效及时的指挥和调度、布置警力、处理案件等。

（2）防盗报警系统是一种当防范区出现非法侵入时，发出危险情况信号，从而报警的一种装置。防盗报警系统就是用探测器对建筑内外重要地点和区域进行布防。它可以及时探测非法入侵，并且在探测到有非法入侵时，及时向有关人员示警。例如，门磁开关、玻璃破碎报警器等可有效探测外来的入侵，红外探测器可感知人员在楼内的活动等。一旦发生入侵行为，能及时记录入侵的时间、地点，同时通过报警设备发出报警信号。

（3）楼宇对讲系统是在各单元口安装防盗门，小区总控中心的管理员总机、楼宇出入口的对讲主机、电控锁、闭门器及用户家中的可视对讲分机通过专用网络组成。该系统实现访客与住户对讲，住户可遥控开启防盗门，各单元口访客再通过对讲主机呼叫住户，对方同意后方可进入楼内，从而限制了非法人员进入。同时，若住户在家发生抢劫或突发疾病，可通过该系统通知保安人员以及时得到支援和处理。

（4）停车场管理系统是通过计算机、网络设备、车道管理设备搭建的一套对停车场车辆出入、场内车流引导、收取停车费进行管理的网络系统。该系统是专业车场管理公司必备的工具，通过采集记录车辆出入记录、场内位置，实现车辆出入和场内车辆的动态和静态的综合管理。该系统一般以射频感应卡为载体，通过感应卡记录车辆进出信息，通过管理软件完成收费策略实现、收费账务管理、车道设备控制等功能。

（5）小区一卡通系统借助感应式智能卡为信息载体，以计算机网络为依托，使物业公司全面实现科学化、自动化管理，它可以实现智能小区的停车场出入管理，门禁管理，会员俱乐部管理，保安巡更管理，代缴电话费、管理费、水费等费用管理，内部员工管理等功能，加强智能住宅小区的安全保卫。

（6）红外周界报警系统是通过红外对射探测器，自动探测附身在布防周界区域内的侵入行为，产生报警信号，借助网络，对周界进行全封闭隐形防范。一旦发生突发事件，就能通过声光报警信号在安保控制中心准确显示出事地点，便于迅速采取应急措施。

（7）电子围栏是一种主动防卫入侵围栏，对入侵企图做出反击，击退入侵者，延迟入侵时间，并且不威胁人的性命，把入侵信号发送到安全部门监控设备上，以保证管理人员能及时了解报警区域的情况，快速地做出处理。

（8）巡更系统是一种对门禁系统的灵活运用。它主要应用于大厦、厂区、库房和野外设备、管线等有固定巡更作业要求的行业中。它的工作目的是帮助各企业的领导或管理人员利用本系统来完成对巡更人员和巡更工作记录进行有效的监督和管理，同时系统还可以对一定时期的线路巡更工作情况做详细记录。

（9）考勤门禁系统具有对人员进出、授权、查询、统计和防盗报警保安等多种功能，还可以作为人事管理、考勤管理，可与任何机电设备产品及控制系统联动，既方便内部人员或用户的自由出入，又杜绝外来人员随意进出，提高安全防范能力。

（10）机房系统主要是针对机房所有设备及环境进行集中监控和管理的，其监控对象构成机房的各个子系统：动力系统、环境系统、消防系统、保安系统、网络系统等。可视智慧物联机房系统基于网络综合布线系统，采用集散监控，在机房监视室放置监控主机，运行监控软件，以统一的界面对各个子系统集中监控。机房监控主机实时监视各系统设备的运行状态及工作参数，发现部件故障或参数异常，即时采取多媒体动画、语音、电话、短消息等多种报警方式，记录历史数据和报警事件，提供智能专家诊断建议和远程监控管理功能及 Web 浏览等。

（11）电子考场系统是将现代化的监控设备系统应用到考试过程中，建立以校园网络为基础的数字化、网络化的监控系统，轻松解决监控面积过大、监控点过多的监控难点。以人防加技防方式对考试全过程进行监控，能够更好地维护考场纪律和考试的自身权益。

（12）智能门锁系统一般包括移动终端和智能门锁两部分，移动终端安装有门锁控制 App 程序，通过控制程序发送无线远程控制信息，智能门锁收到控制信息后执行相应的动作。智能门锁系统的特点是制造成本低、使用便捷、可远程开关门锁，并且可远距离实时监控门锁的开关状态。

3．可视智慧物联与安全防范系统的要素、功能

（1）可视智慧物联与安全防范系统的三要素

通常将探测、延迟、反应称为安全防范系统的三要素。其中，探测要素的作用是感知显性风险事件或隐性风险事件的发生并报警。延迟要素的作用是延长和推迟风险事件发生的进程。反应要素的作用则是采取快速有效的行动制止风险事件的发生。

（2）可视智慧物联与安全防范系统三要素间的关系

作为一个有机整体，上述三要素之间具有相互联系、相互依存的关系。及时准确的探测，得以使反应力量掌握快速行动的主动权；充足合理的延迟，得以使反应力量有更多的时间来把握主动出击的最佳时机；而迅速有效的反应，则最终使风险事件发生得以有效预防和制止。这三要素以时间参数为结合点，任何一个要素出了差错，都可能会导致防范达不到预期的效果甚至失效。若将探测时间、延迟时间、反应时间分别用 $T_{探测}$、$T_{延迟}$、$T_{反应}$ 表示，则三者之间应满足以下关系：

$$T_{反应} \leqslant T_{探测} + T_{延迟}$$

反应的总时间应小于或等于探测时间与延迟时间之和。组成系统的各要素间的有机联系，是安全防范系统与彼此无关的若干防范手段或措施的集合体的重要区别，也正是这种区别和防范理念，使安全防范发生了由传统的被动防范到主动防范质的转变。

（3）可视智慧物联与安全防范系统的功能

安全防范系统的功能，是其存在的作用和价值，也是其运作的具体目的。目前的安全防范系统主要用于预防、制止非法入侵、盗窃、抢劫、破坏、爆炸等违法犯罪行为，以及群体性事件等重大社会治安事件，维护社会安全的活动。每个安全防范系统的特定功能是由系统的组成要素和内部结构所确定的。

4．可视智慧物联与安全防范系统的架构

安全防范系统的架构是由其组成要素及诸要素间相互联系的方式形成的，在安全防范的三种基本手段中，要想实现防范的最终目的，就要围绕探测、延迟、反应这三要素开展工作、采取措施，以预防和阻止风险事件的发生。

基础的人力防范（人防）是利用人们自身的传感器（眼、耳等）进行探测，发现妨害或破坏安全的目标，做出反应；用声音警告、恐吓、设障、武器还击等手段来延迟或阻止危险的发生，在自身力量不足时还要发出求援信号，以期待做出进一步的反应，制止危险的发生或处理已发生的危险。

实体防范（物防）的主要作用在于推迟危险的发生，为"反应"提供足够的时间。现代的实体防范，已不是单纯物质屏障的被动防范，而是越来越多地采用高科技的手段，一方面使实体屏障被破坏的可能性变小，增大延迟时间；另一方面也使实体屏障本身增加探测和反应的功能。

技术防范（技防）可以说是人力防范和实体防范的功能延伸和加强，是对人力防范和

实体防范在技术手段上的补充和加强。它要融入人力防范和实体防范之中，使人力防范和实体防范在探测、延迟、反应三要素中不断地增加高科技含量，不断提高探测能力、延迟能力和反应能力，使防范手段真正起到作用，达到预期的目的。

探测、延迟和反应三要素之间是相互联系、缺一不可的关系。一方面，探测要准确无误、延迟时间长短要合适，反应要迅速；另一方面，探测、延迟和反应必须满足 $T_{反应} \leqslant T_{探测} + T_{延迟}$ 的要求，必须相互协调。否则，系统所选用的设备无论多么先进，系统设计的功能无论多么多，都难以达到预期的防范效果。

在构成安全防范系统的要素中适情适度地综合运用人力防范措施、安全技术防范系统、实体防范设施，是安全防范中人防、技防、物防三个基本手段有机结合的具体体现。安全防范系统通过安全防范技术的应用，以及人防、物防与技防的有机结合，使人防功能大大延伸，物防阻滞力大大增强，进而使整体防范能力大大提高。

5. 可视智慧物联与视频监控系统概念

视频监控系统是安全防范体系中防范能力极强的一个综合系统，其作用和地位日益突出。该系统从早期作为一种报警复核手段，到目前充分发挥其实时监控的作用，已成为安全防范体系中不可或缺的重要部分。

视频监控系统可以及时地传送活动图像信息。利用摄像设备，值班人员通过控制中心的监视器可以直接观察、监控现场的情况。可以通过远程遥控装置，控制摄像机改变摄像角度、方位、镜头焦距等技术参数，从而实现对现场大区域的观察和近距离的特写，并且可以通过录像设备进行记录取证。

视频监控系统是各行业重点部门或重要场所进行实时监控的物理基础，管理部门可通过它获得有效的图像或声音信息数据，对突发性异常事件的过程及时监视和记忆，以便高效、及时地指挥和调度布置警力、处理案件等。随着当前计算机应用的迅速发展和推广，全世界掀起了一股强大的数字化浪潮，各种设备数字化已成为安全防护的首要目标。数字化视频监控画面可实时显示，单路调节录像图像质量，每路录像速度可分别设置，快速检索，可以设定多种录像方式，自动备份，可控制云台/镜头，进行网络传输等。

视频监控系统可以通过遥控摄像机及其辅助设备（镜头、云台等）直接观看被监视场所的一切情况，可以把被监视场所的情况一目了然。在人们无法直接观察的场合，它却能实时、形象、真实地反映被监视控制对象的画面，它已成为人们在现代化管理中监控的一种极为有效的观察工具。由于它具有只需一人在控制中心操作就可观察许多区域，甚至远距离区域的独特功能，所以在城市交通管理、金融、教育等行业得到了广泛的应用。

6. 可视智慧物联与视图智能分析

视图智能分析是计算机图像视觉技术应用的一个分支，是一种基于目标行为的智能影像分析技术。区别于传统的移动侦测技术，视图智能分析首先将场景中背景和目标分离，识别出真正的目标，去除背景干扰（如树叶抖动、水面波浪、灯光变化），进而分析并追踪在摄像机场景内出现的目标行为。

视图智能分析与移动侦测的本质区别是前者可以准确识别出视频中真正活动的目标，而后者只能判断出画面变化的内容，无法区分目标和背景干扰。所以视图智能分析相对于移动侦测，抗干扰能力有了质的提高。使用视图智能分析技术，用户可以根据实际应用，在不同摄像机的场景中预设不同的报警规则，一旦目标在场景中出现了违反预定义规则的行为，系统就会自动报警。报警信息有多种形式，包括本地驱动报警设备和向后端监控中心发送报警数据，由监控工作站控制以弹出视频、自动弹出报警信息、驱动报警设备等报警形式。视图智能分析广泛应用在人脸识别、智慧报警、机器人导航、智能家庭，智能语音助理、车辆识别等。

在大数据时代，人们对视图智能分析越来越看重。视图智能分析依赖于视频算法对视频内容进行分析，通过提取视频中的关键信息，进行标记或相关处理，并且形成相应事件和报警的监控方式，人们可以通过各种属性描述进行快速检索。如果把摄像机看作人的眼睛，而视图智能监控系统可以理解为人的大脑。视图智能分析技术借助处理器的强大计算功能，对视频画面中的海量数据进行高速分析，获取人们需要的信息。

虽然视图智能分析的自身发展也存在诸多问题，由于实际环境中光照变化、目标运动复杂性、遮挡、目标与背景颜色相似、杂乱背景等都会增加目标检测与跟踪算法设计的难度，但是视图智能分析已经逐渐成为可视智慧物联行业发展的大方向，视图智能分析的运用会逐渐大众化。目前，视图智能分析技术能更快、更广泛地应用于金融、交通等各个领域，普及到人们的日常生活当中，真正发挥安全防范的预见作用，将危险因素扼杀在摇篮里，给人们的工作和生活带来安全保障。

1.1.3 可视智慧物联与智慧监控系统

1. 可视智慧物联与智慧监控系统概念

智慧监控系统是指采用图像处理、模式识别和计算机视觉技术，通过在监控系统中增加智能视频分析模块，借助计算机强大的数据处理能力过滤掉视频画面无用或干扰信息，自动识别不同物体，分析抽取视频源中的关键有用信息，快速准确定位事故现场，判断监控画面中的异常情况，并且以最快速度和最佳方式发出警报或触其他动作，从而有效进行事前预警、事中处理、事后及时取证的全自动实时智慧监控系统。简单地说，智慧监控就是由计算机替代部分人脑的工作，对监控的图像自动进行分析并做出判断，出现异常时及时发出预警。

2. 智慧监控系统组成

一个完整的智慧监控系统，也许形态各异，但是都可以按照功能划分为五个组成部分，包括音/视频采集系统、传输系统、管理控制系统、视频显示系统、音/视频存储系统。

（1）音/视频采集系统负责视频图像和音频信号的采集，即把视频图像从光信号转换成电信号，把声音从声波转换成电信号。在早期的视频监控系统中，这种电信号是模拟的，随着数字和网络视频监控系统的出现，还需要把模拟电信号转换成数字电信号，压缩后再进行传输。视频采集系统的常见设备包括摄像机、镜头、护罩、视频编码器、支架、云台和补光灯，音频采集系统的常见设备包括拾音器（监听头）和麦克风（传声器）。

（2）传输系统负责音/视频信号、云台/镜头控制信号的传输。在短距离情况下，信号传输只需采用电缆即可满足需求，而在长距离（如 30 km）传输的情况下，就需要采用专门的传输设备。传输系统的常见设备有视频光端机、介质转换器、网络设备（如交换机、路由器、防火墙等）、宽带接入设备等。

（3）管理控制系统负责完成图像切换、系统管理、云台镜头控制、报警联动等功能，它是视频监控系统的核心。管理控制系统的常见设备有视频矩阵、多画面分割器、云台解码器、控制码分配器、控制键盘、视频管理服务器、数据管理服务器等。

（4）视频显示系统负责视频图像的显示，视频显示系统的常见设备有监视器、电视机、显示器、大屏、解码器、PC 等。

（5）音/视频存储系统负责音/视频信号的存储，以作为事后取证的重要依据。音/视频存储系统的常见设备有视频磁带录像机、数字视频录像机、网络视频录像机、FC SAN/IP SAN 存储、NAS 存储、磁带库、分布式云存储等。

1）音/视频采集系统

音/视频采集系统的常见设备包括摄像机、镜头、护罩、视频编码器、支架、云台和补光灯，音频采集系统的常见设备包括拾音器和麦克风。音/视频采集系统如图 1-1 所示。

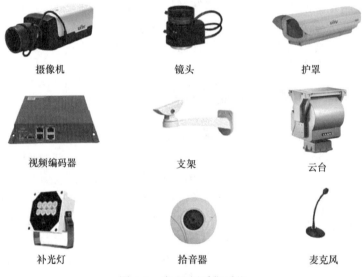

摄像机　　　　　　　　镜头　　　　　　　　护罩

视频编码器　　　　　　支架　　　　　　　　云台

补光灯　　　　　　　　拾音器　　　　　　　麦克风

图 1-1　音/视频采集系统

（1）摄像机分为模拟摄像机、数字摄像机和 IP 网络摄像机。模拟摄像机用于把物体的图像从光信号转换成电信号，经内部电路处理后输出模拟视频信号。数字摄像机将采集的信号转化为电信号，经内部电路处理后直接输出不经过压缩的数字信号。IP 网络摄像机自带编码板，通过网口直接输出编码后通常经过压缩的数字信号。

（2）镜头是摄像机用以生成影像的光学部件，由多片透镜组成。各种不同的镜头，各有不同的功能及性能。

（3）护罩是为了保证摄像机、镜头工作的可靠性，延长其使用寿命，必须给摄像机装配具有多种特殊性保护措施的外罩。护罩需要适应各种气候条件，如风、雨、雪、霜、低温、暴晒、沙尘等。所以室外型防护罩会因使用地点的不同配置如遮阳罩、内装/外装风扇、加热器/除霜器、雨刷器、清洗器等辅助设备。护罩如图 1-2 所示。

（4）视频编码器用于对摄像机输出的模拟视频信号进行模数转换，并且编码成数字视频流后输出。视频编码器如图 1-3 所示。

图 1-2　护罩

图 1-3　视频编码器

（5）支架是起支撑作用的构架，用于摄像机或护罩美观、牢固地安装在监控点位上。各种支架如图 1-4 所示。

图 1-4　各种支架

（6）云台是配合摄像机一起使用的。其主要功能是接收控制信号，带动摄像机做水平和垂直转动、驱动摄像机镜头实现变倍、变焦、开关光圈等动作。云台如图 1-5 所示。

（7）补光灯是用来对某些缺乏照度的地方进行灯光补偿的一种灯具。常见的有白光补光灯和红外补光灯。补光灯如图 1-6 所示。

（8）拾音器和麦克风都用于把声音从声波转换模拟电信号。两者的区别主要在于接口形式和接口的阻抗特性不同。麦克风如图 1-7 所示。

图 1-5　云台

图 1-6　补光灯　　　　　　　　　　　图 1-7　麦克风

2）传输系统

常见的视频传输设备/部件有同轴电缆、光端机、网络设备。短距离传输可以直接采用同轴视频电缆，当距离超过允许的范围不大时，可以采用信号放大器解决信号衰减的问题。当进行远距离视频传输时，如传输距离为 5 km，在这种情况下，就需要采用视频光端机或网络传输设备。

（1）视频光端机分为模拟视频光端机和数字视频光端机。视频光端机可以对视频图像进行长距离传输，一般可以达到 30 km 以上。模拟光端机现在已经被淘汰了，目前主流的是数字视频光端机。从数据传输的角度看，视频光端机是电路交换设备。视频光端机如图 1-8 所示。

（2）网络设备可以是交换机、路由器、宽带设备，也可以是网络安全设备。从数据传输的角度看，网络设备都是数据包交换设备。交换机是一种在通信系统中完成信息交换功能的设备，它一般工作在数据链路层，也有三层交换机工作在网络层。选择交换机一般从总体架构、性能和功能三个方面入手，应用于视频监控系统中的交换机尤其要关注性能，即包转发率、背板带宽、时延、丢包率等。交换机如图 1-9 所示。

图 1-8　视频光端机　　　　　　　　　　图 1-9　交换机

3）管理控制系统

管理控制系统常见的设备包括视频矩阵、视频管理服务器、多画面分割器、控制键盘、云台解码器、控制码分配器、数据管理服务器等。

（1）视频矩阵是模拟监控系统的核心部件，包括矩阵切换箱和控制处理器（CPU）。它的作用和原理在后面会详细介绍。视频矩阵如图 1-10 所示。

（2）控制键盘的作用是进行视频图像的切换、摄像机云台和镜头的控制。控制键盘如图 1-11 所示。

图 1-10　视频矩阵　　　　　　　　　　图 1-11　控制键盘

（3）控制码分配器是与矩阵系统配套使用的辅助设备之一，用于将 RS-485/ RS-422 接口形式的前端设备控制码（Pelco-P、Pelco-D 等）分配到多个经缓冲输出的控制码端口，因此可以连接更多数量的 RS-485 终端。每个控制码输出口可用屏蔽双绞线传送 1300 m，最多可连接 4~8 台前端设备。控制码分配器如图 1-12 所示。

（4）视频管理服务器是基于网络的监控系统的核心部件，在它上面安装了视频监控系统的管理软件，可以对系统进行管理。在大规模视频监控系统中，视频管理服务器可能有多台。视频管理服务器如图 1-13 所示。

（5）视频管理服务器是专门针对安防监控应用开发的视频监控管理服务器，它具有高集成度、高可靠性、强兼容性等特点，集用户认证、视频管理、设备管理、控制管理、任务管理、日志管理、报警管理、电子地图、电视墙管理功能于一身；同时支持海量的监控前端管理。一般而言，大型的视频监控系统中应用的视频管理服务器都需要提供一定的二次开发和集成的能力。

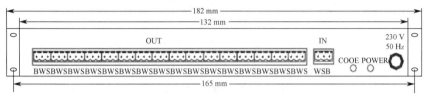

图 1-12　控制码分配器

图 1-13　视频管理服务器

4）视频显示系统

视频监控数字矩阵区别于模拟矩阵，是使用管理平台通过网络调度方式实现摄像机输出到指定监视器上常见的视频显示设备，可分为阴极射线管（Cathode Ray Tube，CRT）型、液晶显示器（Liquid Crystal Display，LCD）型、发光二极管（Liquid-Emitting Diode，LED）型、数字光处理（Digital Light Procession，DLP）型、等离子显示屏（Plasma Display Panel，PDP）型和拼接专用液晶屏（Splice Liquid Crystal Display，SLCD）六类。

连接显示设备前，需要通过解码器进行解码，解码器是一种将数字视频、音频数据流解码还原成模拟视频、音频信号的设备。

1.1.4　可视智慧物联行业概述

1979 年，公安部"全国刑事技术预防专业工作会议"在石家庄市召开，会议讨论并通过了《关于使用科学技术预防刑事犯罪的试行规定》，正式提出了"安全技术防范"的概念，指出安全技术防范是治安工作的一个组成部分，是同刑事犯罪做斗争的重要手段。政府主管部门将安全技术防范工作列入了职责范围，"安全技术防范概念"形成。此次会议肯定了技术预防工作的作用，明确了技术预防工作的 10 项基本要求，讨论了技术预防器材的研制和生产方法。

我国的可视智慧物联行业于 20 世纪 80 年代后期开始在沿海省市兴起。随着国外高新技术的逐步引进和自主开发，我国可视智慧物联行业呈现出快速发展态势。目前在全国基本形成了珠江三角洲、长江三角洲、环渤海地区三大可视智慧物联产业基地，这些地区的共同特点是：可视智慧物联企业集中，产业链完整，具有相当的生产规模和产品配套能力。其中，以深圳为中心的可视智慧物联产业带已成为我国规模最大、发展速度最快、产品数量最多、种类最齐全的可视智慧物联高新产业密集区。近几年，可视智慧物联行业在以杭州为中心的长江三角洲迅速发展。

我国的可视智慧物联市场结构日趋合理，形成了上游科研开发，中游生产制造、销售代理、施工设计，下游维修维护、报警运营、中介服务等一体的相对较为完整的可视智慧物联产业链。从产品种类来看，在可视智慧物联设备制造市场中，实体防护产品产值占总产值的 33%，电子可视智慧物联产品产值占 67%。在电子可视智慧物联产品的产值中，视频监控产品占 58%、楼宇对讲产品占 13%、门禁控制产品占 14%、防盗报警产品占 15%。

从 2007 年到 2021 年，可视智慧物联行业市场规模复合增长率约为 20%，考虑未来不确定性风险，保守估计将 15% 作为未来 5 年的最低复合增长速度。我国可视智慧物联产业将进入建设高峰期，各细分领域由于前期市场渗透程度不同，预计未来 5 年市场需求将分别表现为 20%～80% 的不同增速，总体年增长率仍将保持在 20% 左右，将 20% 增长速度作为未来 5 年的最高复合增长速度。

1.2 可视智慧物联系统常见接口使用

1.2.1 音/视频接口

1. BNC 接口

BNC 接口是一种传统的显示器接口。由 RGB 三原色信号及行同步、场同步五个独立信号接头组成，主要用于连接工作站等对扫描频率要求很高的系统。BNC 接口可以隔绝视频输入信号，使信号相互间干扰减少且信号频宽比普通 D-SUB 的大，可达到最佳信号响应效果。BNC 接口如图 1-14 所示。

BNC 接口的主要作用是传输视频信号。BNC 接口可以让视频信号互相间干扰减少可达到最佳信号响应效果。此外，由于 BNC 接口的特殊设计使连接非常紧，从而不必担心接口松动而接触不良。BNC 接口与传输的视频信号最终显示画面质量没有直接的关系，有些人会误认为视频质量低会不会是 BNC 接口质量不好，其实不然，画面质量和设备显卡、传输线缆、显示器质量、周围干扰

图 1-14　BNC 接口

等因素有关，想要 BNC 接口显示效果最大化，上面的每个因素都必须保证良好。

2. RCA 接口

图 1-15　RCA 接口

RCA 俗称莲花插座，几乎所有的电视机、影碟机类产品都有这个接口。它并不是专门为哪一种接口设计的，既可以用在音频信号，又可以用在普通的视频信号，也是 DVD 分量（YCrCb）的插座，只不过其数量是三个。RCA 接口在一些老旧音频设备上是一种比较常见的音/视频接线端子。RCA 接口如图 1-15 所示。

RCA 端子采用同轴传输信号的方式，中轴用来传输信号，

外沿一圈的接触层用来接地，可以用来传输数字音频信号和模拟视频信号。RCA 音频端子一般成对地用不同颜色标注：右声道用红色，左声道用黑色或白色。有的时候，中置和环绕声道连接线会用其他颜色标注来方便接线时区分，但在整个系统中，所有的 RCA 接口在电气性能上都是一样的。一般来讲，RCA 立体声音频线都是左右声道为一组，每个声道外观上是一根线。

RCA 主要传输音频信号，RCA 接口实现了音频和视频的分离传输，这就避免了因为音频、视频混合干扰而导致的图像质量下降。目前它是音/视频设备上应用最广泛的接口，几乎每台音/视频设备上都提供了此类接口。

3. VGA 接口

VGA 接口是 IBM 于 1987 年提出的一个使用模拟信号的计算机显示标准，其应用较广泛，主要用于计算机的输出显示，是计算机显卡上应用最广泛的接口之一。VGA 接口有 15 个引脚，实现了 RGB 信号的分离传送，因此不存在亮色串扰问题，视频图像的质量较高。VGA 接口传输的信号是模拟信号，主要应用在计算机的图形显示领域。VGA 接口如图 1-16 所示。

图 1-16　VGA 接口

4. DVI 接口

DVI 是 Digital Visual Interface 的缩写，中文名称为数字视频接口。目前的 DVI 接口分为两种：DVI-D 接口（见图 1-17）和 DVI-I 接口（见图 1-18）。DVI-D 接口只能接收数字信号，不兼容模拟信号，接口上只有 3 排 8 列共 24 个引脚，其中右上角的一个引脚为空。DVI-I 接口可同时兼容模拟和数字信号。当连接 VGA 接口设备时需要进行接口转换，一般采用这种 DVI 接口的显卡都会带有相关的转换接口，如图 1-19 所示。

图 1-17　DVI-D 接口　　　　　　　　图 1-18　DVI-I 接口

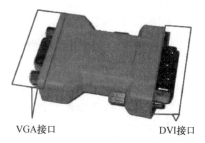

VGA接口　　　　　　　DVI接口

图 1-19　VGA 转 DVI 接口

DVI 传输数字信号时，数字图像信息无须经过任何转换，就可以被直接传输到显示设备上进行显示，避免了烦琐的信号模数和数模转换过程，大大降低了信号处理时延，因此传输速率更高，接口最大传输速率可以达到 1.65 GHz，清晰度和细节表现力都得到了大大提高。DVI 接口不支持传输音频信号。DVI 接口传输距离与线材有关，一般小于 30 m。目前 DVI 接口在高清显示设备（高清显示器、高清电视、高清投影仪等）上大量应用，尤其是在 PC 显示领域，基本替代了 VGA 接口。

5. HDMI 接口

HDMI 是 High Definition Multimedia Interface 的缩写，称为高清多媒体接口，如图 1-20 所示。目前 HDMI 接口已经成为消费电子领域发展最快的高清数字视频接口。HDMI 接口是基于 DVI 标准制定的，同样采用 TMDS 技术来传输数字信号。另外，HDMI 接口在引脚定义上可兼容 DVI 接口。HDMI 接口的传输带宽高，接口传输速率按照 HDMI 1.0 可支持到 5 Gbps，按照 HDMI 1.3 可支持到 10 Gbps。HDMI 接口在保持信号高品质的情况下能够同时传输未经压缩的高分辨率视频和多声道音频数据。HDMI 连接器采用单线缆连接，大大降低了线缆敷设的工程难度。HDMI接口线缆可以达到 15 m。HDMI 规格可搭配宽带数字内容保护（High-bandwidth Digital Content Protection，HDCP），以防止具有著作权的影音内容遭到未经授权的复制。

图 1-20　HDMI 接口

6. SDI 接口

SDI 是 Serial Digital Interface 的缩写，称为串行数字接口。SDI 是专业的视频传输接口，一般用于广播级视频设备中。SDI 有两个接口标准：SD-SDI 和 HD-SDI。

图 1-21　SDI 接口

SDI 接口（见图 1-21）可以支持很高的数据传输速率。SD-SDI 接口传输速率为 270 Mbps。HD-SDI 接口传输速率为 1485 Mbps。SDI 接口可以通过一根电缆传输全部亮度信号、颜色信号、同步信号与时钟信息，所以能够进行较长距离的传输。SD-SDI 信号通过一般的同轴电缆可传输 350 m 左右，HD-SDI 信号在一般同轴电缆中传输不到 100 m，在高发泡介质同轴电缆中传输可达 180 m。

7. 其他音频接口

视频监控系统中的音频接口表现形式多样，常见的有凤凰头接口、RCA 接口、BNC 接口和 MIC 接口。

凤凰头接口、RCA 接口和 BNC 接口有输入和输出之分，输入接口用于连接拾音器，输出接口用于连接音箱。输入和输出接口的类型不一定相同，如音频输入采用凤凰头接口，如图 1-22 所示，音频输出采用 BNC 接口。在实际的视频监控系统中，凤凰头接口、RCA 接口和 BNC 接口通常和视频接口绑定成同一个通道，采集的音频信号可以以录像的形式进行存储。

MIC 接口用于连接麦克风，如图 1-23 所示。在视频监控系统中主要用于前端设备的音频采集。因为麦克风的阻抗较小，为了保证信号质量，所以麦克风线缆都比较短。另外，由于 MIC 接口的尺寸较大，所以在设备上的数量较少，一般只有一个。受限于线缆和数量因素，MIC 接口的应用场合较少，如在宇视视频监控系统中主要用于语音对讲功能。

图 1-22 凤凰头接口

图 1-23 MIC 接口

需要注意的是，拾音器连接的语音输入接口（凤凰头接口或 BNC 接口）和 MIC 接口对外设的阻抗特性是不同的，拾音器的阻抗要比麦克风的高得多，所以两种外设不能混用，如把拾音器连接到 MIC 接口是无法使用的。

1.2.2 数据及控制接口

1. USB 接口

通用串行总线（Universal Serial Bus，USB）是一种串口总线标准，也是一种输入/输出接口的技术规范，被广泛地应用于个人计算机和移动设备等信息通信产品，并扩展至摄影器材、数字电视（机顶盒）、游戏机等其他相关领域。USB 接口如图 1-24 所示。最新一代是 USB4，传输速率为 40 Gbps，三段式电压 5 V/12 V/20 V，最大供电为 100 W。新型 Type C 接口允许正反盲插（见图 1-25）。

图 1-24 USB 接口

图 1-25 Type C 接口

2. SATA 接口

SATA 是 Serial ATA 的缩写，即串行 ATA。它是一种计算机总线，主要功能是用作主板和大量存储设备（如硬盘及光盘驱动器）之间的数据传输。这是一种完全不同于并行 PATA 的新型硬盘接口类型，由于采用串行方式传输数据而得名。SATA 总线使用嵌入式时钟信号，具备了更强的纠错能力，与以往相比，其最大的区别在于能对传输指令（不仅是数据）进行检查，如果发现错误会自动矫正，这在很大程度上提高了数据传输的可靠性。串行接口还具有结构简单、支持热插拔的优点。目前，SATA 分别有 SATA 1.5Gbps、SATA 3Gbps 和 SATA 6Gbps 三种规格。未来将有传输更快的 SATA Express 规格。SATA 接口如图 1-26 所示。

3. SAS 接口

SAS 接口与其他存储接口技术如光纤管道和串行 ATA 类似的串行 SCSI 正在成为主流的串行技术。对许多需要高速数据传输的新兴应用来说，串行技术将解决传统并行技术所面临的性能瓶颈问题。Serial Attached SCSI（SAS）技术将大幅改变企业存储系统内部架构，并在 2009 年成为主要标准。由于成本降低和效能的提升，Serial Attached SCSI 磁盘将取代 SCSI 甚至部分光纤磁盘，晋升为未来企业存储系统或服务器磁盘的主流。

串行连接 SCSI（SAS）这种新标准是 SCSI 接口从 16 位并行总线方式（Ultra320）向传输速率为 3.0 Gbps 的差分串行链路的发展。

4. 网络接口

网络接口是指网络设备的各种接口，我们现今正在使用的网络接口都为以太网接口。常见的以太网接口类型有 RJ-45 接口（见图 1-27）、RJ-11 接口、SC 光纤接口、FDDI 接口、AUI 接口和 Console 接口。

图 1-26　SATA 接口

图 1-27　RJ-45 接口

在视频监控系统中，传输设备上（光端机、交换机、EPON 设备）应用多种光纤接口。常见的有四种，如图 1-28 所示。

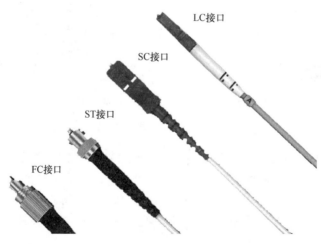
图 1-28　常见四种光纤接口

FC 接口：圆形螺口，一般用于光纤的中继。

ST 接口：圆形的卡接式接口，一般用于光纤的中继。

SC 接口：方形光纤接口，一般用于设备端接。

LC 接口：小方形光纤接口，一般用于设备端接。

1.3　可视智慧物联系统常见线缆使用

要连接局域网，网线是必不可少的。在局域网中常见的网线主要有双绞线、光纤、同轴电缆三种。

1. 双绞线

双绞线是由许多对线组成的数据传输线。双绞线的英文名字叫 Twist-Pair，是综合布线工程中常用的一种传输介质。双绞线采用了一对互相绝缘的金属导线互相绞合的方式来抵御一部分外界电磁波干扰。把两根绝缘的铜导线按一定密度互相绞合在一起，可以降低信号干扰的程度，每一根导线在传输中辐射的电波会被另一根导线上发出的电波抵消。"双绞线"的名字也是由此而来的。双绞线如图 1-29 所示。

双绞线根据线径有 5 类线、超 5 类线和 6 类线。双绞线可分为非屏蔽双绞线（Unshielded Twisted Pair，UTP）和屏蔽双绞线（Shielded Twisted Pair，STP）。屏蔽双绞线电缆的外层由铝铂包裹，以减小辐射，但并不能完全消除辐射，屏蔽双绞线价格相对较高。

图 1-29　双绞线

双绞线做法有两种国际标准：EIA/TIA568A 和 EIA/TIA568B，而双绞线的连接方法主要有两种：直通线缆和交叉线缆。直通线缆的水镜头两端都遵循 568A 或 568B，双绞线的每组线在两端是一一对应的，颜色相同的在两端水晶头的相应槽中保持一致。而交叉线缆的水晶头一端遵循 568A，而另一端则采用 568B。

568A 线序：绿白—1，绿—2，橙白—3，蓝—4，蓝白—5，橙—6，棕白—7，棕—8。

568B 线序：橙白—1，橙—2，绿白—3，蓝—4，蓝白—5，绿—6，棕白—7，棕—8。

2. 光纤

在视频监控系统中，需要进行长距离传输时常用光纤（见图 1-30）作为介质。根据传输点模数的不同，光纤可分为单模光纤和多模光纤。所谓"模"是指以一定角度进入光纤的一束光。多模光纤则采用发光二极管作为光源，允许多种模式的光在光纤中同时传播，从而形成模分散（因为每个"模"的光进入光纤的角度不同，它们到达另一端点的时间也不同，这种特征称为模分散），模分散技术限制了多模光纤的带宽和距离。多模光纤的纤芯直径为 $50\sim62.5$ μm，包层外直径为 125 μm。多模光纤的工作波长为 850 nm 或 1300 nm。因此，多模光纤的芯线粗，传输速率低、距离短（一般只有几千米），整体的传输性能差，但其成本比较低，一般用于建筑物内或地理位置相邻的环境下。多模光纤的颜色为橘红色。

单模光纤采用固体激光器作为光源，在光纤中只允许一种模式的光传播，所以单模光纤没有模分散特性。单模光纤的纤芯直径为 $8\sim10$ μm，包层外直径为 125 μm。工作波长为

1310 nm 和 1550 nm。因此，单模光纤的纤芯相应较细，传输频带宽、容量大，传输距离长，但其需要激光源，成本较高，通常在建筑物之间或地域分散时使用。单模光纤的颜色为黄色。

3. 同轴电缆

同轴电缆的得名与它的结构有关。同轴电缆的结构可以分为保护套、外导体屏蔽层、绝缘层、铜芯，其中外导体屏蔽层和铜芯构成回路。外导体屏蔽层和铜芯间用绝缘材料互相隔离。外层导体和中心轴芯线的圆心在同一个轴心上，所以叫作同轴电缆。这种结构，使它具有高带宽和极好的噪声抑制特性。同轴电缆有基带同轴电缆和宽带同轴电缆之分。基带同轴电缆的阻抗特性为 50 Ω，仅用于数字传输，传输速率最高可达到 10 Mbps。基带同轴电缆根据线径可分为粗缆和细缆，粗缆的传输距离可达 500 m，细缆的传输距离可达 180 m。宽带同轴电缆的阻抗特性为 75 Ω，一般用于模拟传输，传输速率最高可达到 750 Mbps。在视频监控系统中，摄像机所连的视频线为宽带同轴电缆。宽带同轴电缆根据线径尺寸的不同有多种规格，如 SYV-75-3C、SYV-75-5C、SYV-75-7C、SYV-75-9C。同轴电缆如图 1-31 所示。

图 1-30　光纤　　　　　　　　　　　图 1-31　同轴电缆

4. RVV 线缆和 RVVPS 线缆

RVV 线缆和 RVVPS 线缆是弱电系统常用的线缆，可以用于电源线、信号线及信号馈线等。其芯线根数不定，两根或以上，外面有 PVC 护套，芯线之间的排列没有特殊要求。RVV 与 RVVPS，"P" 代表屏蔽，"S" 代表双绞，RVVPS 对比 RVV 多了一层屏蔽编织网并将线缆双绞，主要效果是抗干扰（外在信号干扰）。

5. 腊克线

腊克线具有耐寒、耐油、耐汽油混合物且不易燃烧的特点，在监控系统中多用于卡口的地感线圈。

图 1-32　腊克线

习题 1

1-1　安全防范所采用的基本手段通常有哪三种？

1-2　安全防范系统的三要素是什么？

1-3　一个完整的智慧监控系统按照功能划分成哪五个组成部分？

1-4　可视智慧物联系统中常见的音/视频接口有哪些？

1-5　可视智慧物联系统中常见的数据及控制接口有哪些？

1-6　可视智慧物联系统中常见的线缆有哪些？

第 2 章

硬件安装

2.1 硬件设备到货签收及存放

本章主要是为了指导客户、现场工程师在项目中如何进行产品的查验、解决产品标识和合同的对应问题、开箱验货、货物管理及移交工作。减少因开箱验货方法不当造成货物缺少或损坏，并且明确货物问题的处理流程和方法，提高效率，减少协调量。

2.1.1 设备验收流程

1. 开箱准备

工具准备：应准备好裁纸刀一类的开箱工具，如果有木箱包装的货物，还要准备规格合适的螺钉旋具（俗称螺丝刀，一字和十字）、扳手、钳子等。

资料准备：工程师应在开箱前掌握要检验的货物内容，一般可以从项目订单中获得设备清单。

> **注意：**
>
> 当设备从一个温度较低（0 ℃以下）的地方搬运到温度较高的室内时，至少 0.5 小时后开箱，2 小时后才能上电。如果是硬盘，则需要 12 小时后再拆封上电。否则会导致电子设备结露，造成损坏。

2. 开箱验货

首先按各包装箱上所附的装箱单查点总件数是否相符，原厂封装标签是否完整，包装箱外观是否完好，有无倒置，运达地点是否与实际安装地点相符。

原厂封装标签样例如图 2-1 和图 2-2 所示。

IPQC 表示设备是一次包装，内部包含一套物料。

OQC 表示设备是二次包装，内部含有多个 IPQC 包装的物料。

图 2-1 原厂封装标签样例（IPQC）

如果出现装箱单中的总件数与实际总件数不符、外包装严重损坏、设备出现锈蚀或浸水等异常情况，则应停止开箱。

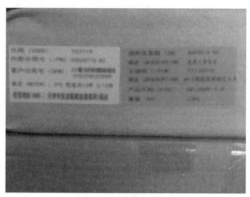

图 2-2　原厂封装标签样例（OQC）

3．木箱

木箱一般用于包装存储硬盘。它由木板、钢边、舌片、泡沫包角等包装材料组成。

存储硬盘的木箱包装如图 2-3 所示。

开箱前最好将包装箱搬至机房或机房附近（空间允许情况下）后再进行开箱，以免搬运时损伤内部货物。开箱方法如下。

将扳手一端插入木箱盖板舌片孔内，转动扳手，将舌片扳直，如图 2-4 所示，也可使用螺丝刀或羊角锤操作舌片。

图 2-3　存储硬盘的木箱包装

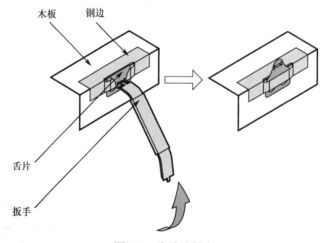

图 2-4　将舌片扳直

将箱盖上的所有舌片扳直后，将箱盖抬起、移走，如图 2-5 所示。

将联结木箱周围木板的舌片扳直，移走木板，如图 2-6 所示。

其他木箱可参照此方法开箱。

在搬运、抬放机柜过程中，双手应抬着支架或骨架等坚固的地方，而不应在刚性差的地方用力，如电缆支架、电缆固定横梁等，以免损坏机柜或发生意外。机架的衬板拆卸需要在机柜安装地点进行，以免在搬运、抬放过程中损坏。

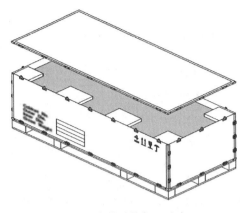

图 2-5 将箱盖抬起、移走

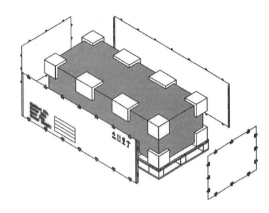

图 2-6 移走木箱上其余的木板

4．纸箱

纸箱一般用来包装整机、单板或散件等。

1）整机开箱方法

查看纸箱标签，了解箱内物料类型、数量。用斜口钳剪断打包带。

用裁纸刀沿箱盖盒缝处划开胶带，在用刀时注意不要插入过深，以免划伤内部物品。

打开纸箱，取出泡沫板。对照装箱单，对箱内物料类型、数量逐项清点。

纸箱包装如图 2-7 所示。

切忌纸箱内还有未取出的部件和附件便将纸箱扔掉，缺少物料会给施工带来麻烦，在确认纸箱内确实是空的后再拆下一个。可以把资料和附件集中放置到一个纸箱中。

图 2-7 纸箱包装

2）单板开箱

单板是置于防静电保护袋中运输的，拆封时必须采取防静电保护措施，以免损坏。同时，还必须注意环境温度、湿度的影响。防静电保护袋中一般有干燥剂，用于吸收袋内空气的水分，保持袋内干燥。单板拆封方法如下。检查每个单板包装是否有明显的损伤。佩戴防静电的手腕带，并且将其正确接地，特别是冬季干燥地区人体带静电比较多，要尽量释放身上的静电，如可用双手触摸自来水管等方法。拆除每个包装，检查其中有没有损伤。单板的包装如图 2-8 所示。

图 2-8 单板的包装

如果要立即进行安装，则将所有的物件放在防静电的地面上，对物件进行放电处理。然后按照后面章节的指示进行安装。暂时不需要安装的物料，使用原有的包装材料进行包装，并且保存在温度、湿度合适的环境中，避免阳光直射和强电磁辐射源。

> **注意：**
>
> 电子线路十分容易受到静电放电（ESD）的损害。处理单板之类的部件时，需要佩戴已正确接地的防静电手腕带，并且在操作单板时只接触其边缘。

3）硬盘开箱要求

存储产品硬盘开箱验货时，硬盘内部有机械部件，属于易损的精密仪器，务必轻拿轻放。在开箱、存放、搬运、使用中注意以下内容。

（1）接收硬盘时，要检查硬盘的包装箱是否损坏（破裂、压坏或受潮）。

（2）硬盘不可以长时间存放在高温、潮湿的环境中；应该存放在室温、通风、环境湿度较低的环境中；温度环境变化较大时，应当让硬盘适应新环境 12 小时后（最佳理想时间为 24 小时）才可以正常使用；例如，北方从零下十几摄氏度的环境中搬运到室内时，放在通风的环境中 12 小时以上（最佳理想时间为 24 小时），让硬盘有足够的时间适应新环境后再使用硬盘。

（3）搬运装有硬盘的纸箱时，应该轻拿轻放；千万不能把硬盘去掉包装盒后再用手推车搬运。硬盘绝对不允许插入设备中进行周转及搬运，应该放到硬盘专用包装箱中进行运输及搬运（以免造成硬盘的内部损伤），并且运输前需要用胶袋把包装箱封好。

① 不要使用锋利物件去剪开或撬开包装袋；硬盘要水平放置在防静电的软垫上；不要堆叠；接触硬盘时，要戴防静电手环；用手接触硬盘的两个侧边。

② 不要把硬盘放置在桌子边缘，以免不小心跌落地上受损。

5. 货物签收

若货物没有问题则参加验货各方代表在装箱单上签字确认，各方保管一份。如果数量不够可以复印，作为开箱验货的凭证。

有些合同条款中需要在验货完成后输出《验货报告》，或者有第三方的工程监理公司需要验货报告时，可以使用签字盖章的《验货报告》，同时附上装箱清单。各方保留一份。

2.1.2 设备入库流程

1. 入库流程

入库流程图如图 2-9 所示。

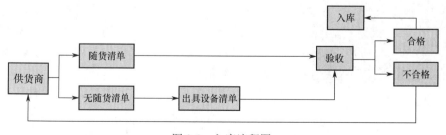

图 2-9 入库流程图

2. 入库注意事项

（1）在供货商无随货清单的情况下，由入库人员出具设备清单方可办理入库。

（2）在供货商有随货清单的情况下，随货清单认真清点所要入库设备的数量，检查设备的规格质量，做到数量、规格、类别准确无误、质量完好、配套齐全，并在接收单上签字。

（3）随货清单如果有问题（不合格）或与采购清单不符时，则与供应商联系返回供应商。

（4）如果货物包装及货物破损，则拒绝签收及入库，与供应商联系返回供应商。

（5）设备直接发往施工现场的情况下，由入库人员出具设备清单，库管员办理（无实物）入库手续。

2.1.3　设备存放流程

1. 外包装箱常见标识

货物搬运和存储中注意包装箱的标识，外包装的常见标识如下。

（1）　：表示设备叠放不能超过 10 台。数字"10"表示最大叠放层高，不同的设备数字不同。

（2）　：表示设备按图示箭头方向放置，不能倒置。

（3）　：表示为易碎物品，要小心搬运和轻放。

（4）　：注意设备防潮和防止设备进水。

货物到货后，如果不立即开箱，则应妥善存储货物。

2. 货物存放环境要求

温度 10～30℃，湿度 30%～70%，没有漏水，无振动，灰尘度低，无强烈电磁干扰，有良好的防静电措施，场地宽敞。

3. 货物摆放要求

货物摆放一般遵循大类分开、小类按编码顺序放置，以及上轻下重、上小下大、经常用的放走道边的原则。

根据物料外包装箱的尺寸及标识要求，尽量居中交叉摆放，无明显的偏斜。每层摆放要一致，上下要对齐，尾数放在最上面。摆放整齐有序，层数与方向应遵守包装箱标识的要求，特别是层数不能超过包装箱标识的堆码高度，以免变形损坏。物料标识要朝外，便于清点和查找。包装箱的堆码高度标识在包装箱外部，如图 2-10 所示。

图 2-10　堆码高度标识

图中 n 为具体的数字，不同的产品可能数字不同，表示最大叠放层高。

> **注意：**
> 包装箱具有方向性，禁止倒置，踩踏，否则会对产品造成致命性的破坏。

2.1.4 设备出库流程

1.参加人员

开箱时要求客户方和现场工程师必须同时在场，如果单方开箱，出现货物差错问题，则由开箱方负责。

2.开箱验货典型案例

（1）某项目存储产品开箱验货不规范造成损坏。客户机房明确要求去掉包装箱后才能把设备搬运到机房中，工程师把硬盘的包装盒全部去掉，把硬盘放到了手推车上，通过手推车搬运到机架附近，上电调测时，发现有多个硬盘损坏，造成损失并影响工程进度。

（2）某工程中现场工程师发现到货的外包装破损，因工程紧急，工程师在没有联系保险公司的情况下，开箱安装，发现设备变形，原始证据被破坏，无法向保险公司索赔，由责任人承担损失。

（3）某项目设备开箱，没有一次性验货。现场工程师边开箱边安装，安装到最后，发现缺少某个光模块和"挂耳"，光模块和"挂耳"体积较小，很容易随包装材料一起丢弃。要求工程中开箱时要一次性验货。对光模块、"挂耳"、光盘等体积较小的物料要特别注意。

（4）开箱验货时未分清千兆模块、百兆光模块引起误反馈。某工程中现场工程师反馈两个千兆模块有一个为百兆的，光模块的包装与条码都为千兆的，里面实物为百兆的，要求换货。经过派人到现场核实，在百兆模块中发现了该条码的千兆模块。现场工程师解释为由于只看模块外观，没有检查具体型号，导致错误反馈。影响工程进度增加处理成本。

3.货物移交

装箱单签字确认后，货物随即移交给客户保管。与客户方货物交接完毕后，若因客户方保管不善而导致的货物损坏或遗失，责任应由接收方承担。

4.货物领用

现场工程师使用货物需向客户货物管理员提出申请，说明类型、数量和用途并做记录。工程师携带相关货物出入客户机房，应征得相关保管人员的同意，并且有相关表格记录出库明细。

2.2 前端设备安装

2.2.1 前端设备安装预备知识

1.网络摄像机安装防水须知

严格按照以下步骤对设备线缆做好防水处理。
- ➤ 防水处理前，务必连接好所有需连接的线缆并剪除不使用线缆的末端铜丝。
- ➤ 使用自黏性防水胶带（部分设备随机附带，若无则自行购买）进行防水处理。

➢ 网线需使用防水套件进行防水处理，电源线若不使用则单独做防水处理，视频输出线无须处理。

（1）用绝缘胶带对线缆的连接处进行缠绕，如图 2-11 所示。

（2）使用自黏性防水胶带对线缆进行防水处理。

将自黏性防水胶带（简称防水胶带）向两端拉伸至紧绷。

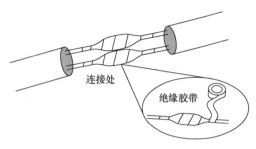

图 2-11　绝缘胶带缠绕

将拉伸后的胶带紧密缠绕在线缆连接处或线缆末端，缠绕过程中要保持防水胶带一直处于紧绷的状态。

压紧线缆两侧的防水胶带，达到绝缘密封，如图 2-12 所示。

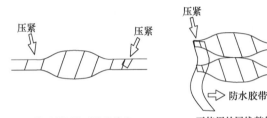

图 2-12　防水胶带绝缘密封

（3）使用随机附带的防水套件对网线进行防水处理。

如图 2-13 所示，依次将防水套件套在网线上。

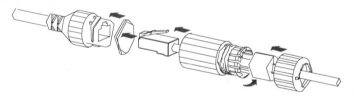

图 2-13　防水套件套在网线上

> **注意：细橡皮圈需先套在网线接口处。**
>
> 用随机附带的 DC 堵头对不使用的 DC 接口进行防水处理，无此接口设备可忽略此操作，如图 2-14 所示。

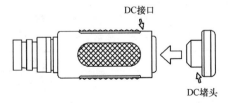

图 2-14　DC 堵头防水处理

将做好防水处理的线缆收纳于防水的接线盒中。

> **注意：**
> （1）线缆接头不可外露且不可积水。
> （2）打开的设备必须还原并紧固。
> （3）电源适配器放置于配电箱中。

2．前端设备安全须知

运输、保存及安装过程中，应避免挤压、振动和受潮，安装时尽量远离振动源。

若电源适配器与设备之间的电源线过长，则会导致设备的电压偏低，容易造成设备工作异常。若需要对电源线加长，则参见电源线要求进行。

搬移设备时，不能通过手拎尾线来承重，以免设备电缆接口松脱。

对外连接端口，要用既有的连接端子进行连接，电缆端子（锁扣/卡扣）良好并紧固到位；安装过程中电缆拉扯不要过度，保持有一定的裕量，防止因为振动、晃动导致端口接触不良或松脱。

连接报警输入接口时，保证报警输入的高电平信号不超过直流 5 V（DC 5 V）。

若设备安装在墙上或天花板上，则要确保安装稳固；为防止设备在安装时掉落，要在安装过程中使用安全绳。

在周转、运输过程中，对前脸需要特别防护，避免摩擦、划伤、污染等。为了保持前脸清洁，在安装过程中不要取下前脸外层的透明保护膜，确认安装完成后取下该透明保护膜即可。

球罩上存在静电是业界普遍现象，为了避免球罩上的静电吸附灰尘，建议在取下透明保护膜后，使用防静电手套擦拭一下球罩表面。

不能将激光器放置在非专业人士能触及的地方。

3．日常维护注意事项

前脸无污斑，轻度沾灰时，可使用吹风皮球（气吹）吹落。

前脸沾染油脂或有灰尘结斑时，将油污或灰尘结斑用眼镜棉布自中心向外轻轻擦拭；如果无法擦拭干净，则用眼镜棉布蘸家用洗洁精后自中心轻轻向外擦拭，直到干净为止。

禁止使用有机溶剂（苯、酒精等）对透明球罩进行除尘、清洁。

注意，擦拭过程中眼镜棉布要清洁，避免擦拭过程中造成二次污染。

4．装箱清单

装箱清单见表 2-1。根据产品不同型号和不同版本，随箱附件可能有变动，以实际情况为准。表中*表示可选项，仅部分款型随机附带。

表 2-1 装箱清单

项　目	名　　称	数　量	单　位
1	摄像机	1	台
2	电源适配器	1	个
3*	防水套件①	1	套
4	螺钉组件②	1	套

（续表）

项　　目	名　　称	数　量	单　位
5*	安装配件③	1	套
6	用户资料	1	套

注：① 含防水胶带、防水堵头等防水套件中的一种或多种。

　　② 含螺钉包、扳手等螺钉配件中的一种或多种。

　　③ 含定位贴、转接头/环等转接单元、防静电手套等安装配件中的一种或多种。

5．产品外观

1）半球形网络摄像机外观与内视图

半球形网络摄像机外观图如图 2-15 和图 2-16 所示。

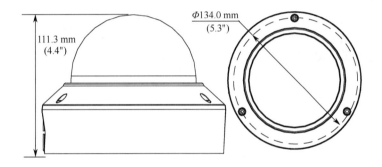

图 2-15　半球形网络摄像机外观图（一）

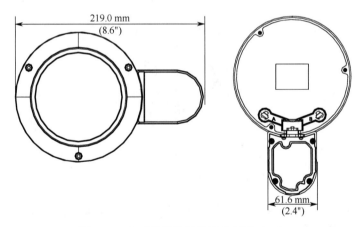

图 2-16　半球形网络摄像机外观图（二）

半球形网络摄像机内视图如图 2-17 所示。

2）球形网络摄像机外观图

球形网络摄像机外观图如图 2-18 所示。

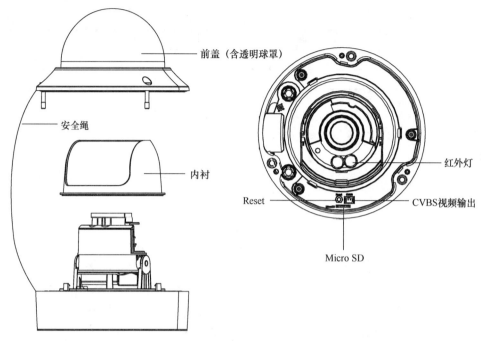

图 2-17　半球形网络摄像机内视图

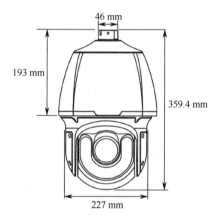

图 2-18　球形网络摄像机外观图

3）尾线

此处以全尾线为例，每款尾线都有标签说明（包括尾线的颜色和信号定义），参考图 2-19 进行电缆连接尾线。

各款设备尾线有差异，以实际情况为准。此处以全尾线款为例，每款尾线都有标签说明（包括尾线的颜色和信号定义），参考图 2-20 进行电缆连接。

（1）部分款型为电口（RJ-45），10/100（Mbps）Base-TX 自适应以太网。

（2）部分款型为光口（SFP 或内置 EPON ONU），FC 接口（自带法兰盘转接）。

（3）详细的规格参见该产品最新的数据手册。

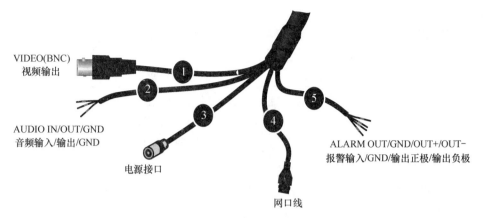

图 2-19 电缆连接尾线

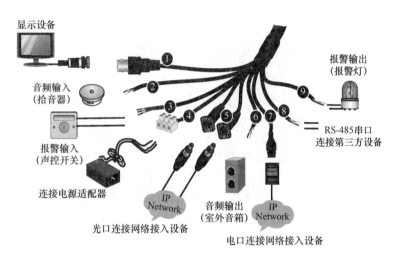

图 2-20 电缆连接

6. 设备启动

检查安装正确后,接通电源即可启动设备。

每次通电后,设备都会进行自检,测试云台水平、垂直转动,机芯镜头伸缩等基本动作是否正常。当自检完成后,才可对设备进行各种操作。

电缆连接功能及说明见表 2-2。

表 2-2 电缆连接功能及说明

编号	接口	用途
1	VIDEO OUT	视频输出接口。向监视器等模拟信号显示设备输出模拟视频信号
2	AUDIO IN	音频输入接口。输入音频信号或进行语音对讲。 说明:音频输入与语音对讲公用该接口,但不能同时使用
3	ALARM IN	报警输入接口。输入报警信号
4	电源接口	连接电源适配器
5	光口	100/1000(Mbps)Base-FX 自适应 SFP 光口。连接光口网络

（续表）

编号	接　　口	用　　途
6	AUDIO OUT	音频输出接口。输出音频信号
7	电口	10/100（Mbps）Base-TX 自适应以太网电口。连接电口网络
8	RS-485	串口。与外接设备交互控制，如控制第三方设备
9	ALARM OUT	报警输出接口。输出报警信号

当工作环境温度低于 0℃时，部分设备会自动进行预加热，等上升到 0℃以上再启动自检。设备预加热时间较长（最长不超过 30 分钟）。

7. 恢复出厂设置

以球机为例，拆开球机后盖，如图 2-21 所示，在上电 10 分钟内（超过 10 分钟无效），长按恢复出厂配置按钮 10 秒以上（图框所示为恢复出厂设置按钮），等待重启后即恢复为出厂默认值。

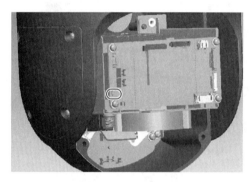

图 2-21　球机后盖图

8. Web 登录

登录 Web 界面管理和维护设备。

（1）在客户端计算机上运行 IE 浏览器，在地址栏中输入设备的 IP 地址 192.168.1.13（子网掩码为 255.255.255.0），按回车键。

（2）在登录对话框中输入用户名（默认 admin）和密码（默认 123456），单击"登录"按钮，进入 Web 界面。

> **注意：**
>
> （1）设备出厂默认开启 DHCP，若网络环境存在 DHCP 服务器，则 IP 地址可能会被动态分配，以实际 IP 地址登录。
>
> （2）首次登录时会提示安装控件（安装时需要关闭当前所有浏览器）。按照页面指导完成控件安装，再重启 IE 浏览器登录系统。
>
> （3）本产品的默认密码仅供首次登录使用，为保证安全，应确保在首次登录后修改默认密码。强烈建议将密码设置为强密码（9 个字符及以上，必须包含数字、字母、特殊字符）。
>
> （4）如果已修改密码，则使用修改后的密码登录 Web 界面。

2.2.2　前端设备安装常用工具

前端设备安装常用工具见表 2-3。

表 2-3　前端设备安装常用工具

工 具 名 称	示 意 图	工 具 名 称	示 意 图
活口扳手		胶锤	
一字螺丝刀		记号笔	
十字螺丝刀		内六角扳手	
冲击钻		其他	根据现场环境需要配备的工具

2.2.3　前端设备安装过程

1. 安装确认

（1）检查设备组件。

（2）安装地点强度。

（3）防雷、接地要求。

2. 安装流程

以球机安装为例，安装流程图如图 2-22 所示。

> **注意：**
> （1）由于摄像机的体积和质量较大，所以应使用拉手将设备取出，安装遮阳罩前取下拉手即可。
> （2）实际安装时需要使用一些支架和配件，如壁装支架。
> （3）墙体承重和支架长度需符合现场安装要求，根据实际安装条件来选择不同的安装方式。

3. 安装光模块

安装光模块时，建议佩戴防静电手环（将另一端有效接地）。若安装环境中无接地点，则建议更换防静电手套来安装光模块。

1）枪机安装

（1）安装 SFP 光模块，取下插槽防尘盖，插槽如图 2-23 所示。

（2）插入摄像机推荐的 SFP 光模块，如图 2-24 所示。

（3）连接光纤插头和光模块，如图 2-25 所示。

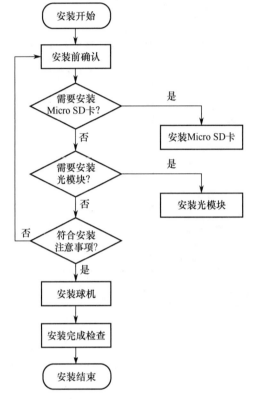

图 2-22　安装流程图

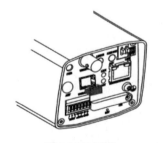
图 2-23　插槽

图 2-24　插入 SFP 光模块

图 2-25　连接光纤插头和光模块

2）球机安装

（1）安装 SFP 光模块，取下尾线转换单元内部的防尘盖，防尘盖如图 2-26 所示。

（2）插入 SFP 光模块，如图 2-27 所示。

（3）连接光纤插头和光模块，如图 2-28 所示。

 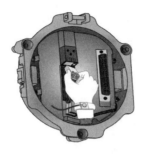 

防尘盖

图 2-26　防尘盖　　　图 2-27　插入 SFP 光模块　　　图 2-28　连接光纤插头和光模块

4. 壁装

支架和安装附件如图 2-29 所示。

图 2-29　支架和安装附件

1）球机壁装

（1）确定打孔位置，如图 2-30 所示。

（2）墙壁打孔，如图 2-31 所示。

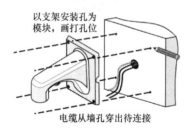 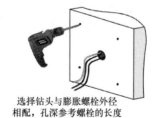

以支架安装孔为
模块，画打孔位

电缆从墙孔穿出待连接

选择钻头与膨胀螺栓外径
相配，孔深参考螺栓的长度

图 2-30　确定打孔位置　　　　　图 2-31　墙壁打孔

（3）安装膨胀螺栓，如图 2-32 所示。

（4）转接头拧入支架连接口，如图 2-33 所示。

（5）支架连接处拧紧螺钉，如图 2-34 所示。

 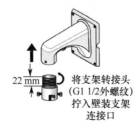 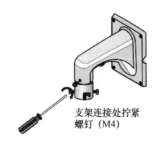

敲击确定膨胀螺栓
固定在孔内，无松动

22 mm　将支架转接头
（G1 1/2 外螺纹）
拧入壁装支架
连接口

支架连接处拧紧
螺钉（M4）

图 2-32　安装膨胀螺栓　　　图 2-33　转接头拧入支架连接口　　　图 2-34　支架连接处拧紧螺钉

（6）连接尾线转接单元，如图 2-35 所示。

（7）挂耳放入凹槽，拧紧螺钉，如图 2-36 所示。

（8）固定上墙，连接所有电缆，如图 2-37 所示。

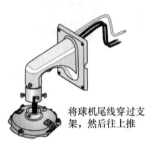 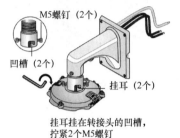

将球机尾线穿过支架，然后往上推

挂耳挂在转接头的凹槽，拧紧2个M5螺钉

将支架固定在4个膨胀螺栓上，使用平垫、弹垫和螺母锁紧

图 2-35　连接尾线转接单元　　图 2-36　挂耳放入凹槽，拧紧螺钉　　图 2-37　固定上墙，连接所有电缆

（9）将安全绳另一端挂在支架上，再安装球机本体，如图 2-38 所示。

（10）然后安装顶部遮阳罩，如图 2-39 所示。

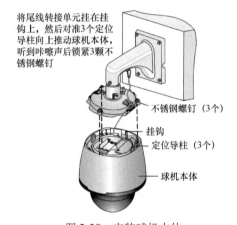 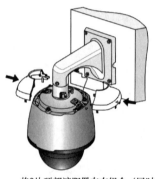

将尾线转接单元挂在挂钩上，然后对准3个定位导柱向上推动球机本体，听到咔嚓声后锁紧3颗不锈钢螺钉

不锈钢螺钉（3个）

挂钩

定位导柱（3个）

球机本体

将2片顶部遮阳罩左右组合（同时对准和球机本体的三角标志），往下扣在球机本体上

图 2-38　安装球机本体　　　　　图 2-39　安装顶部遮阳罩

2）枪机壁装

（1）裸机安装。

① 确定打孔位置，如图 2-40 所示。

② 墙壁打孔，如图 2-41 所示。

③ 安装膨胀螺栓，如图 2-42 所示。

④ 安装支架上墙，如图 2-43 所示。

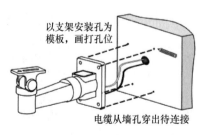 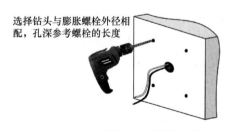

以支架安装孔为模板，画打孔位

电缆从墙孔穿出待连接

选择钻头与膨胀螺栓外径相配，孔深参考螺栓的长度

图 2-40　确定打孔位置　　　　　图 2-41　墙壁打孔

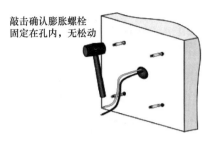

图 2-42　安装膨胀螺栓

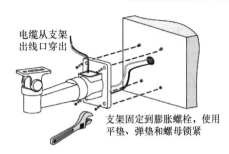

图 2-43　安装支架上墙

⑤ 安装镜头，预调试图像，如图 2-44 所示。

⑥ 安装摄像机，如图 2-45 所示。

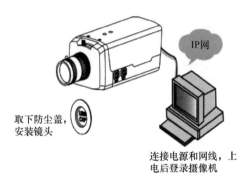

图 2-44　安装镜头，预调试图像

图 2-45　安装摄像机

⑦ 上电后，进行精确调试。

（2）护罩安装。

① 装入护罩前，应先预调试图像，如图 2-46 所示。

② 选择合适护罩，将底板取出，如图 2-47 所示。

③ 将摄像机固定在底板上，如图 2-48 所示。

④ 将底板与护罩固定，如图 2-49 所示。

⑤ 万向节固定到护罩背面，如图 2-50 所示。

⑥ 抱箍环绕固定到杆件横臂，如图 2-51 所示。

图 2-46　预调试图像

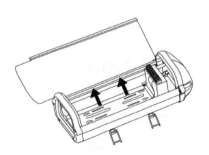

图 2-47　取出底板

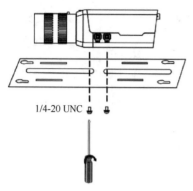

图 2-48　将摄像机固定在底板上

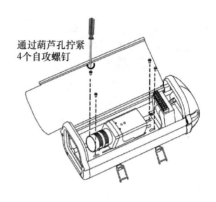

图 2-49　将底板与护罩固定

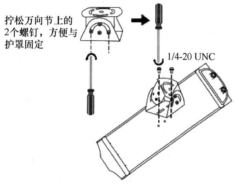

图 2-50　万向节固定到护罩背面

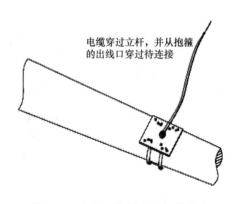

图 2-51　抱箍环绕固定到杆件横臂

⑦ 将护罩固定在抱箍上，如图 2-52 所示。

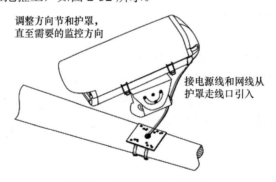

图 2-52　将护罩固定在抱箍上

⑧ 上电后，再进行精确调试。

5．吊装

1）支架和安装附件

支架和安装附件如图 2-53 所示。

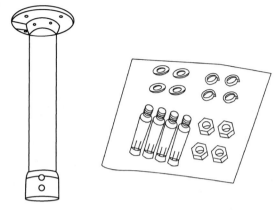

图 2-53 支架和安装附件

2）球机吊装

（1）确定打孔位置，如图 2-54 所示。

（2）墙壁打孔，如图 2-55 所示。

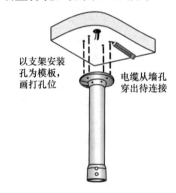

图 2-54 确定打孔位置

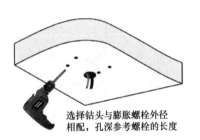

图 2-55 墙壁打孔

（3）安装膨胀螺栓，如图 2-56 所示。

（4）转接头拧入支架连接口，如图 2-57 所示。

（5）在支架连接处拧紧螺钉，如图 2-58 所示。

（6）连接尾线转接单元，如图 2-59 所示。

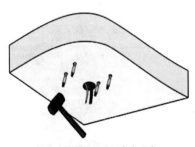

图 2-56 安装膨胀螺栓

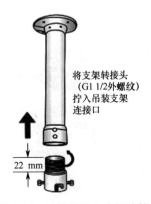

图 2-57 转接头拧入支架连接口

在支架连接处
拧紧螺钉（M4）

图2-58　在支架连接处拧紧螺钉

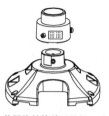

将尾线转接单元的豁口对
准转接环上的标签

图2-59　连接尾线转接单元

（7）挂耳放入凹槽，拧紧螺钉，如图2-60所示。

（8）固定上墙，连接所有电缆，如图2-61所示。

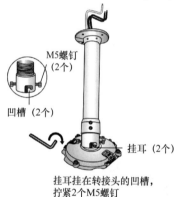

M5螺钉
（2个）

凹槽（2个）

挂耳（2个）

挂耳挂在转接头的凹槽，
拧紧2个M5螺钉

图2-60　挂耳放入凹槽，拧紧螺钉

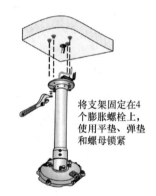

将支架固定在4
个膨胀螺栓上，
使用平垫、弹垫
和螺母锁紧

图2-61　固定上墙，连接所有电缆

（9）安装球机本体，如图2-62所示。

（10）安装顶部遮阳罩，如图2-63所示。

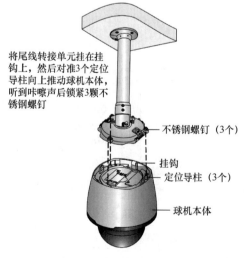

将尾线转接单元挂在挂
钩上，然后对准3个定位
导柱向上推动球机本体，
听到咔嚓声后锁紧3颗不
锈钢螺钉

不锈钢螺钉（3个）

挂钩

定位导柱（3个）

球机本体

图2-62　安装球机本体

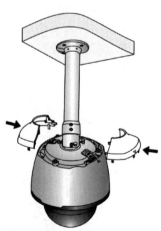

将2片顶部遮阳罩左右组合（同时
对准和球机本体的三角标志），往
下扣在球机本体上

图2-63　安装顶部遮阳罩

6．角装

1）支架和安装附件

支架和安装附件如图 2-64 所示。

2）球机角装

（1）确定打孔位置，如图 2-65 所示。

（2）墙壁打孔，如图 2-66 所示。

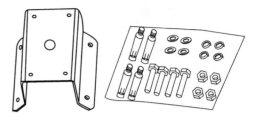

图 2-64　支架及安装附件

以支架安装孔位
模板，画出打孔位

图 2-65　确定打孔位置

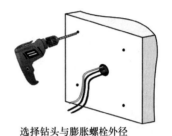

选择钻头与膨胀螺栓外径
相配，孔深参考螺栓的长度

图 2-66　墙壁打孔

（3）安装膨胀螺栓，如图 2-67 所示。

（4）安装角装配件，将电缆穿出，如图 2-68 所示。

敲击确认膨胀螺栓
固定在孔内，无松动

图 2-67　安装膨胀螺栓

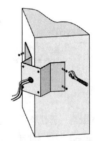

将角装配件固定在4个膨胀螺栓
上，使用平垫、弹垫和螺母锁紧

图 2-68　安装角装配件，将电缆穿出

（5）安装尾线转接单元与壁装支架，如图 2-69 所示。

（6）固定角装配件，连接所有电缆，如图 2-70 所示。

图 2-69　安装尾线转接单元与壁装支架

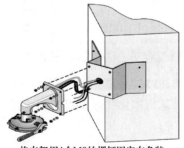

将支架用4个M8的螺钉固定在角装
配件上，使用平垫、弹垫和螺母锁紧

图 2-70　固定角装配件，连接所有电缆

（7）安装球机本体和顶部遮阳罩，如图 2-71 所示。

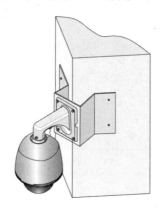

图 2-71　安装球机本体和顶部遮阳罩

7．立杆式安装

1）使用原杆

若杆件预留的接口与球机自带转接头不匹配，则需重新定制转接头。

（1）定制转接头，与球机和原杆匹配，如图 2-72 所示。

（2）将原杆与 2 个转接头连接并固定，如图 2-73 所示。

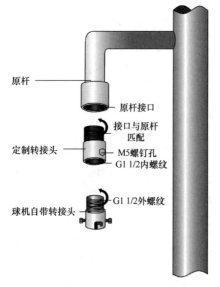

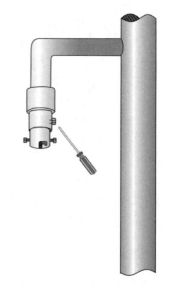

图 2-72　定制转接头，与球机和原杆匹配　　　　图 2-73　将原杆与 2 个转接头连接并固定

（3）连接尾线转接单元，如图 2-74 所示。

（4）安装球机本体和顶部遮阳罩，如图 2-75 所示。

2）定制立杆

（1）定制立杆，与球机匹配，如图 2-76 所示。

（2）将定制杆与支架转接头连接并固定，如图 2-77 所示。

尾线穿入杆内，完成
所有电缆连接

图 2-74　连接尾线转接单元

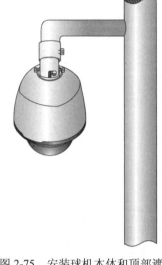

图 2-75　安装球机本体和顶部遮阳罩

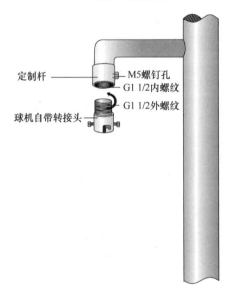

定制杆 —— M5螺钉孔
　　　　　 G1 1/2内螺纹
　　　　　 G1 1/2外螺纹
球机自带转接头

图 2-76　定制立杆

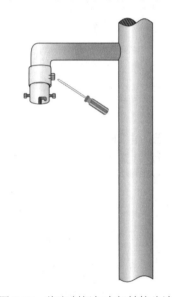

图 2-77　将定制杆与支架转接头连接并固定

（3）依次安装尾线转换单元、球机本地和顶部遮阳罩，其安装方法与"立杆式安装中使用原杆"完全相同。

8．柱式安装

1）支架和安装附件

支架和安装附件如图 2-78 所示。

2）球机柱装

（1）组装柱装配件，如图 2-79 所示。

（2）卡箍环绕柱杆，将电缆穿出，如图 2-80 所示。

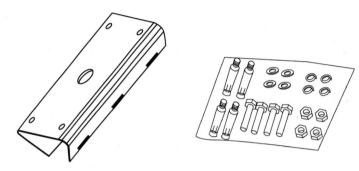

图 2-78　支架和安装附件

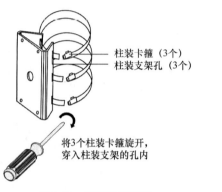

图 2-79　组装柱装配件

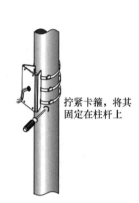

图 2-80　卡箍环绕柱杆，将电缆穿出

（3）安装尾线转接单元与壁装支架，如图 2-81 所示。

（4）固定柱装配件，连接所有电缆，如图 2-82 所示。

图 2-81　安装尾线转接单元与壁装支架

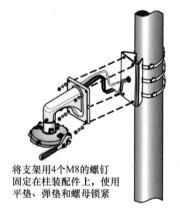

图 2-82　固定柱装配件，连接所有电缆

（5）安装球机本体和顶部遮阳罩，如图 2-83 所示。

2.2.4　前端设备标签制作流程

前端设备标签分为 IPC（网络摄像机）的标签及前端设备箱的标签。所有前端设备标签粘贴必须整齐、美观，粘贴在易于查看、不易脱落的地方，且位置尽量统一（如统一右

上角）。如无特殊情况，不应将标签粘贴于前端设备的可
拆盖板上，以免盖板拆除后或盖板与其他同型号设备借
位安装后导致标签错位。

1. 前端 IPC 标签的制作及流程

（1）前端摄像机上面贴 IP 号、IPC 方位对应相应的
名称。

（2）前端摄像机线上贴标识，例如，信号线、电源
线上分别标识为 JK1、JK2……

（3）每台摄像机电源上粘贴所控制的所有摄像机编
号，例如，JK1、JK5……

2. 前端设备箱标签制作及流程

前端设备箱标签制作及流程如下。

图 2-83　安装球机本体和顶部遮阳罩

（1）前端设备箱标签要根据前端设备箱内设备名称进行标识（防雷器及前端监控摄像
机电源在设备右边上角统一标识）。

（2）前端设备箱的前端接入交换机根据对应的端口所对应的摄像机机的方位名称。

（3）前端设备箱接入电源线标识及对应前端 IPC 电源进行标识（如信号线、电源线
JK1、JK2 等）。

2.2.5　前端设备安装质量查验流程

安防监控系统的前端设备宜采用标准化、规格化、通用化设备，以便维修和更换；前
端设备箱内设备固定且不宜叠放，前端设备箱内底部不放置任何设备。部分前端汇聚箱
存在设备叠放现象，不利于设备散热。

前端设备安装质量查验流程如下。

（1）前端设备箱必须安装牢固（挂杆安装、借杆抱箍安装、壁挂安装、坐地安装，根
据不同的安装方式进行检查）。

（2）前端设备箱的底部距地不小于 3 m（坐地安装除外）。

（3）前端设备箱安装设备的容积应小于三分之一箱体的容积，方便设备安装、维护和
散热。

（4）前端监控摄像机根据不同安装方式（壁装、吊装、立杆）安装，确保安装牢固。

（5）设备安装高度及安装方式是否满足 GB 50348—2018 的相关要求。安装在室外的
前端设备是否有接地装置；有相应的标识；采用专用接地装置时，专用接地装置电阻值不
应大于 4 Ω；安装在室外的前端设备的接地电阻值不应大于 10 Ω；在高山岩石的土壤电阻
率大于 2000 Ω·m 时，其接地电阻值不应大于 20 Ω。

（6）检查前端设备采用的供电模式及前端设备供电方式。

2.3 后端及中心设备安装

2.3.1 后端设备安装预备知识

1U EC/DC 托架（下文简称托架）是视频监控系统的组件之一，用于安装两台视频编码器或解码器，并提供了接地装置（每台编/解码器各用一个接地端子）。托架外形尺寸（高×宽×深）为：42.4 mm×482.6 mm×151.2 mm，外观如图 2-84 所示。

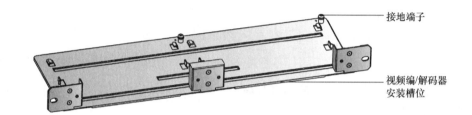

图 2-84 托架外观

按图 2-85 所示安装托架和视频编/解码器。

视频编/解码器装入托架后，使用接地线将编/解码器的接地端子与托架的接地端子连接，最后将托架直接有效接地或通过机柜有效接地。

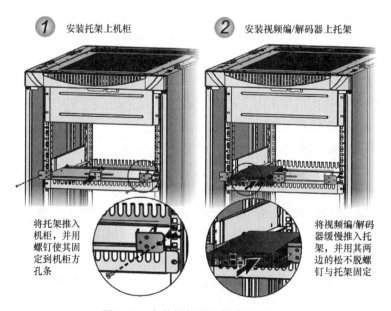

图 2-85 安装托架和视频编/解码器

2.3.2　后端设备安装常用工具

后端设备安装常用工具见表 2-4。

表 2-4　后端设备安装常用工具

工 具 名 称	示 意 图	工 具 名 称	示 意 图
活口扳手		记号笔	
一字螺丝刀		内六角扳手	
十字螺丝刀		其他	根据现场环境需要配备的工具

2.3.3　后端设备机柜的布局

后端设备的标签及标识如下。

后端任何设备（包括网络设备、主机设备、安防设备等），必须制作并粘贴标签，设备标签如果客户无特殊要求，则一律采用标签打印机的机制标签，以 18 mm 的标准黄底标签条为例，标签样式如下。

设备用途：XXX

主机名：XXX

管理地址：X.X.X.X

设备位置：XXX 机柜 XU-XU

1）标签要求

标签要求如下。

（1）标签长 50 mm，宽 18 mm。

（2）标签内容左对齐，字体为宋体，加粗，字号为 6。

（3）标签内容至少四行，从上到下依次说明：设备用途（如核心交换机）、主机名（如 ZW6509）、管理地址、设备位置。

> 注意：
>
> 标签中【主机名】应与连接此设备的所有线路标签中【本端设备主机名】及【对端设备主机名】一致。

2）标签建议

若项目条件允许，建议提供宽度大于 18 mm 的标签条（如 24 mm 宽标签），并且添加以下内容。

设备型号：【说明设备的具体型号】

固定资产编号：【用户的资产标签】

如果用户有独立的固定资产标签，则可以不在此标签中体现。

所有设备标签粘贴必须整齐、美观，粘贴在易于查看、不易脱落的地方，并且位置尽量统一，如统一在右上角。无特殊情况，不应将标签粘贴于设备的可拆盖板上，以免盖板拆除后或盖板与其他同型号设备借位安装后导致标签错位。

3）示例

在机房的众多服务器中，有一台服务器是提供给人口综合管理系统做后台数据库的服务器，相关信息都很齐全。

若仅能提供 18 mm 标准黄底标签，它的标签如下。

```
设备用途：人口综合管理系统数据库
主机名：RKZHGL_DB
管理地址：172.16.2.9
设备位置：1-3机柜10-11U
```

若项目条件许可，能够提供 24 mm 标准黄底标签，它的标签如下。

```
设备用途：人口综合管理系统数据库
主机名：RKZHGL_DB
管理地址：172.16.2.9
设备位置：1-3机柜10-11U
设备型号：DELL PowerEdge 2950
固定资产编号：XXW2009003002
```

2.3.4 后端设备安装

1. 安全须知

负责安装和日常维护本设备的人员必须具备安全操作基本技能。在操作设备前，务必认真阅读和执行产品手册规定的安全规范。

常规基本要求如下。

（1）确保设备安装平稳可靠，周围通风良好，设备在工作时必须确保通风口的畅通。

（2）确保设备工作在许可的温度、湿度、供电要求范围内，满足防雷要求，并且良好接地，避免置于多尘、强电磁辐射、振动等场所。

（3）保护电源软线免受踩踏或挤压，特别是在插头、电源插座和从装置引出的接点处。

（4）安装完成后检查正确性，以免通电时由于连接错误造成人体伤害和设备损坏。

（5）异常断电可能造成设备损坏或功能异常，若设备在频繁断电的环境中使用，则应配备 UPS。

2. 服务器设备安装

1）安装流程图

服务器安装流程图如图 2-86 所示。

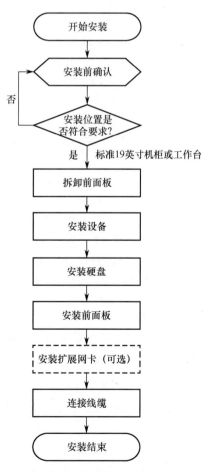

图 2-86　服务器安装流程图

2）安装前确认

（1）检查设备组件。

核对设备型号及随箱附件，确认设备组件齐全。设备型号、附件的种类和数量，参见装箱清单。

（2）检查安装工具。

需要用户自备的工具有一字螺丝刀、十字螺丝刀、防静电手环或手套。

（3）检查安装场所。

设备只能安装在室内且需满足防雷、接地要求。

① 安装环境需满足防雷要求，必要时可以对设备采用合适的防雷保护装置。

② 设备需要通过接地端子进行正确的接地，详细内容参见"连接地线"。

（4）拆卸前面板。

拆卸前面板，如图 2-87 所示。

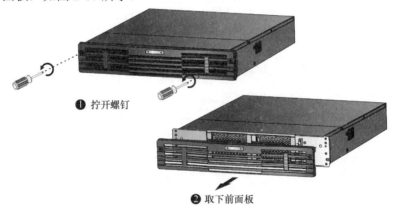

❶ 拧开螺钉

❷ 取下前面板

图 2-87　拆卸前面板

（5）安装于 19 英寸机柜。

① 安装前检查：检查机柜的接地与平稳性，确认机柜的承重满足设备要求，机柜内部和周围没有影响设备安装的障碍物。

安装设备于 19 英寸（1 英寸=2.54 厘米）标准机柜前，检查如下事项。

• 确认机柜接地良好，且安装平稳。

• 确认机柜的承重满足设备要求，机柜内部和周围没有影响设备安装的障碍物。

• 机柜禁止使用玻璃门。

• 机柜必须使用支持架支撑，禁止使用滚轮支撑。

• 设备尽量安装在机柜下方。

② 安装步骤：

第 1 步，规划机柜内的安装位置。

根据设备的高度（2U）和设备的数量规划好机柜内的空间位置。若机柜自带托盘，则优先使用托盘；若无托盘，则可以采购本公司的托架式滑轨。

下面以托架式滑轨为例介绍安装方法，滑轨与设备安装在机柜中，如图 2-88 所示。

第 2 步，安装托架式滑轨到机柜上，如图 2-89 所示。

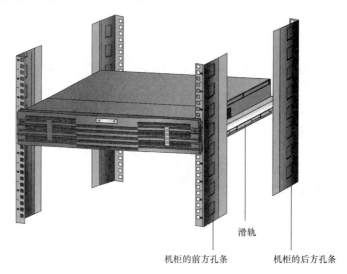

图 2-88　滑轨与设备安装在机柜中

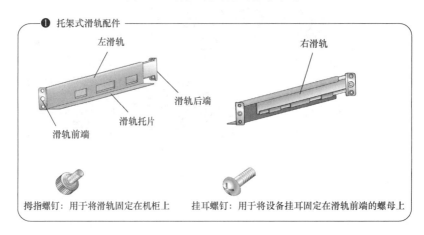

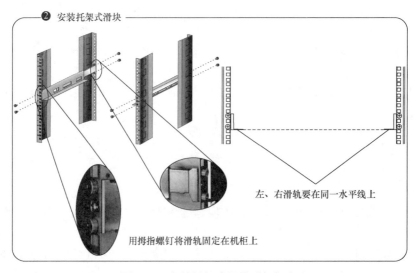

图 2-89　安装托架式滑轨到机柜上

第 3 步，安装设备到滑轨上。

> **注意：**
>
> 设备放置不平稳将影响设备的工作稳定性。安装设备时，要求：
>
> 设备和机柜方孔条上的标线整 U 对齐；
>
> 设备与托盘或滑轨之间充分接触，使托盘或滑轨平稳地支撑设备。

第 4 步，将设备放置在滑轨上，并使其缓缓滑入机柜，直到设备挂耳靠在机柜前方孔条上。

第 5 步，用挂耳螺钉穿过腰形孔将挂耳固定在滑轨前端的浮动螺母上，完成安装。

用螺钉将挂耳固定在机柜上，如图 2-90 所示。

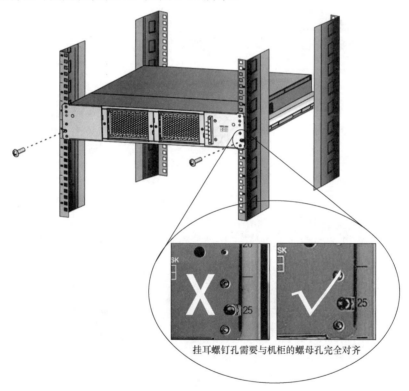

挂耳螺钉孔需要与机柜的螺母孔完全对齐

图 2-90　用螺钉将挂耳固定在机柜上

③ 安装于工作台。

当不具备 19 英寸机柜时，也可以把设备直接放置在干净的工作台上。

安装前需要检查如下事项。

- 确认安装工作台足够牢固，足以承担设备及电缆的重量。
- 保证工作台的平稳性与良好接地。
- 设备散热风道为前、侧、后方向，需要在设备前后留出至少 30cm、左右留出至少 10cm 的散热空间。
- 不要在设备上放置其他物体。

3. 硬盘安装

硬盘接口位于设备内部。更换硬盘前，需先拆卸前面板。

1）安装前确认

安装前确认下例事项。

（1）仔细阅读硬盘盒中附带的硬盘使用注意事项。

（2）已佩戴防静电手环或手套。

2）安装步骤

安装步骤如下。

第1步，拆卸防尘网。拆卸防尘网，如图2-91所示。

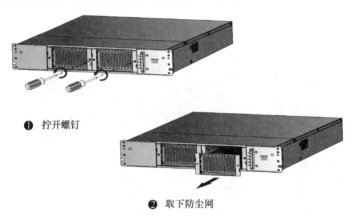

❶ 拧开螺钉

❷ 取下防尘网

图 2-91　拆卸防尘网

第2步，插入硬盘，如图2-92所示。从硬盘包装盒中取出硬盘，缓缓插入硬盘槽位。

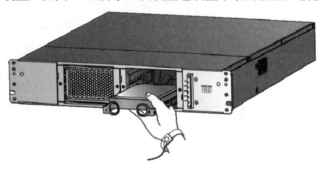

图 2-92　插入硬盘

注意：

设备随机配备2块硬盘，将带"os"标识的系统盘安装于2号槽位，另一块硬盘安装于3号槽位。

第3步，用拇指把硬盘推进。

当插入硬盘到一定程度时，用拇指把硬盘缓缓推进，可听到扣上的声音，即完成该硬盘的安装，如图2-93所示。

图 2-93　用拇指把硬盘推进到位

第 4 步，安装前面板，如图 2-94 所示。将前面板对准设备机箱的前部，并且拧紧螺钉。

图 2-94　安装前面板

第 5 步，（可选）安装扩展网卡。

扩展网卡有两种：

带有 2 个 10 千兆以太网（Gigabit Ethernet，GE）网口（SFP+接口）的网卡；

带有 4 个 GE 网口（RJ-45 接口）的网卡。

下面以带有两个 10GE 网口（SFP+接口）的网卡为例，介绍扩展网卡的安装步骤：取下假面板，然后安装扩展网卡，如图 2-95 所示。

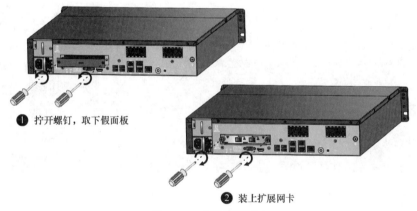

❶ 拧开螺钉，取下假面板

❷ 装上扩展网卡

图 2-95　安装扩展网卡

4. 存储设备安装

1）工具参考

存储设备安装工具如图 2-96 所示。

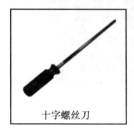

| 十字螺丝刀 | 一字螺丝刀 | 防静电手套 | 防静电腕带 |

图 2-96　存储设备安装工具

2）环境要求

温度和湿度要求见表2-5。

表2-5　温度和湿度要求

温度/湿度	要　　求
工作环境温度	0～40℃ 推荐工作环境温度为10～35℃
储存环境温度	不带电池模块：–20～+60℃ 带电池模块：–15～+40℃（储存1个月以内）；10～35℃（储存1个月以上）
工作环境湿度	20%～80%（未凝结）
储存环境湿度	10%～90%（未凝结）

3）安装检查

安装检查如图2-97和图2-98所示。

❶ 【连线】
（1）按图示连线（存储控制器、磁盘柜）。
（2）接通电源（存储控制器、磁盘柜）。
（3）按开机按钮（存储控制器）。

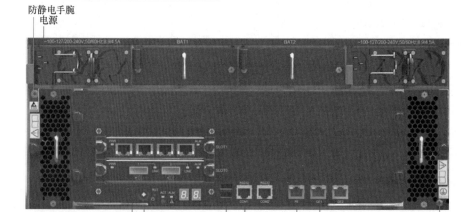

图 2-97　安全检查（一）

❷ 【检查】
(1) 检查（存储控制器、磁盘柜）后面板指示灯。
　　管理口指示灯："绿色＋黄色"同时亮；
　　业务口指示灯：只亮绿色或黄色；
　　告警指示灯：熄灭；其他灯：绿色。
(2) 检查（存储控制器、磁盘柜）前面板指示灯（图略）。
　　正常为绿色。

电源指示灯

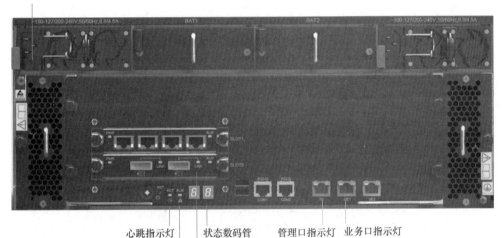

心跳指示灯　　　　状态数码管　　管理口指示灯　业务口指示灯
告警指示灯 SAS接口指示灯

电源指示灯

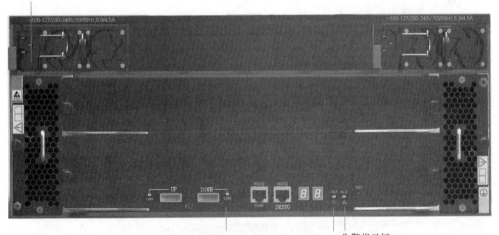

SAS接口指示灯　　　心跳指示灯　告警指示灯

图 2-98　安全检查（二）

5. 网络设备安装

1）安装流程

网络设备安装流程图如图 2-99 所示。

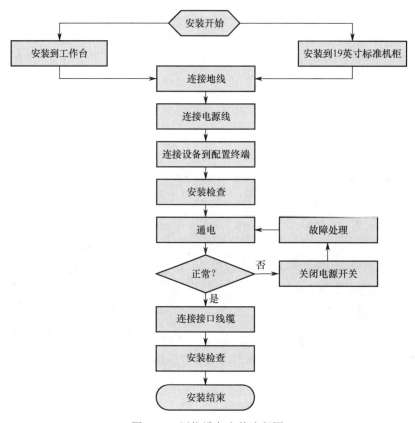

图 2-99　网络设备安装流程图

2）安装设备到指定位置

可以采用以下两种方法安装网络设备：安装设备到工作台，安装设备到 19 英寸机柜。

① 安装设备到工作台。

如果不使用 19 英寸标准机柜，可以将设备放置在干净的工作台上。此种操作比较简单。操作中要注意如下事项。

- 保证工作台的平稳性与良好接地。
- 设备四周留出 10 cm 的散热空间。
- 禁止在设备上堆积物品。

② 安装设备到 19 英寸机柜。

- 安装挂耳，如图 2-100 所示。

图 2-100　安装挂耳

- 安装设备到机柜，如图 2-101 所示。

图 2-101　安装设备到机柜

- 固定设备，如图 2-102 所示。

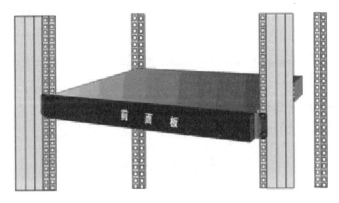

图 2-102　固定设备

2.3.5　后端及中心设备标签规范制作

1．机柜标签规范

机房内任何机柜必须规范、统一粘贴标签，机柜标签如果客户无特殊要求，标签格式如图 2-103 所示，下面以统一为 18 mm 的标准黄底标签条为例进行介绍。

第几排
第几号机柜

图 2-103　标签

1）标准要求

（1）标签长 40 mm，宽 18 mm；

（2）标签内容左对齐，字体为宋体，加粗，字号 18 磅（pt）或小二号；

（3）标签内容由机柜的排号与位号构成；

（4）所有机柜标签粘贴必须整齐、美观，粘贴于机柜（或机柜门）的左上角，距离左侧 50 mm 处；

（5）机柜的排号与位置号如用户无特殊要求，可根据实际情况进行统一编制。

2）示例

某一机房的平面俯视图，如图 2-104 所示。

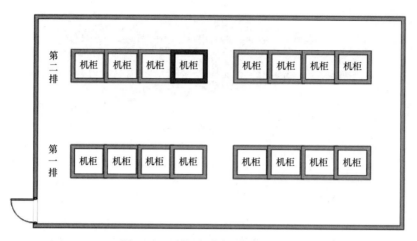

图 2-104　某一机房的平面俯视图

　　在这个机房中，如图 2-104 所示加底色的机柜，其标签可定义为"第 2 排—第 4 号机柜"。其粘贴位置如图 2-105 所示的左上面。

图 2-105　粘贴位置

2．设备标签规范

　　后端设备（包括网络设备、主机设备、存储设备等），必须制作并粘贴标签，设备标签如果客户无特殊要求，以 18 mm 的标准黄底标签条为例，标签样式如图 2-106 所示。

```
设备用途：×××
主机名：×××
管理地址：x.x.x.x
设备位置：××机柜XU-XU
```

图 2-106　标签样式

1）标签要求

标签要求如下：

（1）标签长 50 mm，宽 18 mm；

（2）标签内容左对齐，字体为宋体，加粗，字号 18 pt；

（3）标签内容至少四行，从上到下依次说明：设备用途（如核心交换机）、主机名（如 ZW6509）、管理地址、设备位置。

> **注意：**
>
> 标签中【主机名】应与连接此设备的所有线路标签中【本端设备主机名】以及【对端设备主机名】一致。

2）标签建议

若项目条件允许，建议提供大于 18 mm 宽度的标签条（如 24 mm 宽标签），添加以下内容：

设备型号：【说明设备的具体型号】。

固定资产编号：【用户的资产标签】。

如果用户有独立的固定资产标签，则可以不在此标签中体现。

所有设备标签粘贴必须整齐、美观，粘贴在易于查看、不易脱落的地方，且位置尽量统一（如统一右上角）。如无特殊情况，不应将标签粘贴于设备的可拆盖板上，以免盖板拆除后或盖板与其他同型号设备借位安装后导致标签错位。

3）示例

在机房的众多服务器中，有一台服务器是提供给人口综合管理系统做后台数据库的服务器，相关信息都很齐全。

若仅能提供 18 mm 标签，它的标签如图 2-107 所示。

根据条件许可，能够提供 24 mm 标签，它的标签如图 2-108 所示。

```
设备用途：人口综合管理系统数据库
主机名：RKZHGL_DB
管理地址：172.16.2.9
设备位置：1-3机柜10-11U
```

图 2-107　18 mm 标签示例

```
设备用途：人口综合管理系统数据库
主机名：RKZHGL_DB
管理地址：172.16.2.9
设备位置：1-3机柜10-11U
设备型号：DELL PowerEdge 2950
固定资产编号：XXW2009003002
```

图 2-108　24 mm 标签示例

2.3.6 后端及中心设备安装质量查验流程

1. 后端及中心设备安装整体要求

后端及中心设备安装整体要求如下。

（1）具备机柜安装条件的项目或设备，所有设备必须安装在机柜中。

（2）设备在机柜中的摆放应合理、美观，确保安全。

（3）4U 及以上高度的设备安装时必须使用导轨或机柜托板，确保安全。

（4）设备之间必须预留散热空间，保证机柜的散热风扇正常运行，机柜周围的环境应当适宜空气流通，保证良好的散热环境。

（5）机柜钥匙应由用户或项目经理妥善保管，严禁随意外借，不需要调试设备时机柜须处于锁闭状态。

（6）设备应当采取合理、规范的方式予以编号，统一编号规则，便于识别和管理。基本信息应包括地理位置、功能、设备品牌、型号等相关信息（见后端设备标签规范及制作流程机柜标签规范）。

（7）设备包装箱及其附件须及时整理收集，确保机房整洁与消防安全。

（8）设备安装完成后，必须绘制机柜布置图。

2. 后端及中心检验项目、检验要求及检验方法

后端及中心检验项目、检验要求及检验方法如下。

（1）系统各级监控中心、机房、安全防范管理平台的设置应与竣工文件一致。

（2）检查系统配置的监控中心。

（3）分控中心及设备机房等的数量、位置及面积。

（4）检查安全防范管理平台、客户端或分平台的位置、数量。

（5）检查用户终端的数量、权限设置、位置。

（6）监控中心/设备机房布局图。

习题 2

2-1 设备入库注意事项有哪些？

2-2 网络摄像机安装防水在实际安防工程中应该怎么处理？安防项目中前端摄像机需要哪些工具？

2-3 前端设备安装质量查验流程有哪些？防雷接地的我们应记住哪些阻值？

2-4 后端及中心设备标签规范及制作流程在实际工作中怎么应用？标签在实际工作中的作用有哪些？

2-5 后端及中心设备安装整体要求主要有哪些？

2-6 后端及中心检验项目、检验要求及检验方法有哪些？

第 3 章

设备连接

本套系统的主要设备包括采集、存取、显示、出入口、解码、人脸识别、综合监控一体化平台、网络交换等。本章主要介绍本套系统设备的连接、连通及连通性测试。

3.1 线路连接

3.1.1 供电模式

本套系统设备的供电模式主要有直流 12 V（DC 12 V）、POE、交流 24 V（AC 24 V）、交流 220 V（AC 220 V）等。

1．DC 12 V

采用 DC 12 V 供电时，按设备要求使用标准电源适配器。电源适配器有裸线和圆头之分，如图 3-1 和图 3-2 所示。在连接设备时，应注意电源正负极不要接反。

图 3-1　电源适配器（裸线）　　　　　　　　图 3-2　电源适配器（圆头）

2．POE

POE（Power Over Ethernet）指的是在不对现有的以太网布线基础架构进行任何改动的情况下，为一些基于 IP 的终端（如 IP 电话机、无线局域网接入点 AP、IPC 等）传输数据信号，同时还能为此类设备提供直流供电的技术。该技术利用了以太网传输电缆同时传送数据和电功率的最新标准规范，并保持了与现存以太网系统和用户的兼容性。

目前 POE 供电模式有两个通用标准：802.3af 和 802.3at，业界有时也称 802.3at 为 POE+。802.3af 标准和 802.3at 标准的比较见表 3-1。

表 3-1　802.3af 标准和 802.3at 标准的比较

标　　　准	802.3af（POE）	802.3at（POE+）
最大电流	350 mA	600 mA
PSE[①]输出电压	直流 44～57 V	直流 50～57 V
PSE 输出功率	不大于 15.4 W	不大于 30 W
PD[②]输入电压	直流 36～57 V	直流 42.5～57 V
PD 最大功率	12.95 W	25.5 W

注：①PSE 的英文全称是 Power Sourcing Equipment，即供电端设备。

　　②PD 的英文全称是 Power Device，即受电端设备。

IEEE 802.3af 标准是首个 POE 供电标准，规定了以太网供电标准，是 POE 应用的主流实现标准。它在 IEEE 802.3 的基础上增加了通过网线直接供电的相关标准，是现有以太网标准的扩展，也是第一个关于电源分配的国际标准。

IEEE 在 2005 年开始开发新的 POE 标准 802.3at（POE Plus）以提升 POE 可传送的电力。802.3at 标准是应大功率终端的需求而诞生的，在兼容 802.3af 的基础上能满足更大的供电需求及新的需求。

行业内的 IPC 基本采用的是 802.3af 标准供电。

3．AC 220V

国内设备供电基本采用 AC 220V。采用 AC 220V 供电的设备主要有大屏、存储设备、平台服务器、网络交换机等。采用 AC 220V 供电时，使用设备配的电源线。电源连接时，应注意保证设备接地符合标准。

3.1.2　设备接口

本套系统设备的接口主要有 BNC、RCA、VGA、DVI、HDMI，以及 3.5 mm 立体声、卡农头、凤凰端子、S 端子等。

1．CVBS 接口

CVBS（Composite Video Baseband Signal）接口，也称复合视频信号接口，可以在同一信道中同时传输亮度和色度信号。"复合视频信号接口"因此得名。因为亮度和色度信号在接口电路上没有实现分离，所以需要后续进一步解码分离。这个处理过程会出现亮色串扰问题，导致图像质量下降。所以，CVBS 的图像保真度一般。CVBS 的图像品质受线材影响大，所以 CVBS 接口对线材的要求较高。

需要注意的是，CVBS 接口不能同时传输视频和音频信号，可在同一信道中传输亮度和色度模拟信号（不包含音频信号）。

CVBS 接口在物理上通常采用 BNC 接口或 RCA 接口进行连接。

1）BNC 接口

BNC 接口是一种常见的同轴电缆连接器，是标准专业视频设备输入、输出接口，如图 3-3 所示。BNC 接口是有别于普通 15 引脚 D-SUB 标准接口的特殊显示器接口。它由

R、G、B 三原色信号及行同步、场同步五个独立信号接口组成，主要用于连接工作站等对扫描频率要求很高的系统。BNC 接口可以隔绝视频输入信号，使信号相互间干扰减少，且信号频宽比普通 D-SUB 的大，可达到最佳信号响应效果。在监控工程中，BNC 接口通常用于高档的监视器、音响设备中传送音频、视频信号。

图 3-3　BNC 接口

BNC 接口的连接线——同轴电缆是一种屏蔽电缆，如图 3-4 所示，具有信号传输距离长、信号稳定的优点。

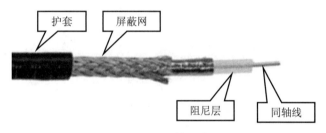

图 3-4　同轴电缆

2）RCA 接口

标准视频输入（RCA）接口（RCA jack 或 RCA connector），也称 AV 接口，如图 3-5 所示。它是一种应用广泛的端子，可以应用的场合包括了模拟视频/音频 [如 AV 端子（三色线）]、数字音频（如 S/PDIF）和色差分量（如色差端子）传输等。RCA 接口都是成对的白色的音频接口和黄色的视频接口，它采用 RCA（俗称莲花头、梅花头）进行连接，使用时只需要将带莲花头的标准 AV 线缆与相应接口连接起来即可。AV 接口实现了音频和视频的分离传输，避免了音/视频混合干扰而导致的图像质量下降，但由于 AV 接口传输的仍然是一种亮度/色度（Y/C）混合的视频信号，仍然需要显示设备对其进行亮/色分离和色度解码才能成像，这种先混合再分离的过程必然会造成色彩信号的损失，色度信号和亮度信号也会有很大的机会相互干扰，从而影响最终输出的图像质量。AV 接口还具有一定生命力，但由于它本身 Y/C 混合这一不可克服的缺点所以无法在一些追求视觉极限的场合中使用。

图 3-5　RCA 接口

2．VGA 接口

视频图形阵列（Video Graphics Array，VGA）接口，也称 D-SUB 接口，如图 3-6 所示。VGA 接口有 15 个引脚，将视频信号分解为 R、G、B 三原色和 HV 行场信号进行传输，实现了 RGB 信号的分离传送，因此不存在亮色串扰问题，视频图像的质量较高。

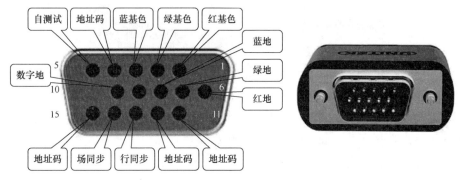

图 3-6　VGA 接口

VGA 接口目前支持多种图像分辨率规格（非完整的分辨率）：

（1）VGA 标准（分辨率 640 px×480 px）；

（2）SVGA 标准（分辨率 800 px×600 px）；

（3）XGA 标准（分辨率 1024 px×768 px）；

（4）SXGA 标准（分辨率 1280 px×1024 px）；

（5）WXGA 标准（分辨率 1280 px×800 px）；

（6）UVGA 标准（分辨率 1600 px×1200 px）；

（7）WUXGA 标准（分辨率 1920 px×1200 px）。

VGA 接口传输的信号是模拟信号。VGA 接口的信号传输距离通常可以达 15 m。VGA 接口应用范围较广泛，主要应用在计算机的图形显示领域，是计算机显卡上广泛应用的接口。

3．DVI 接口

DVI（Digital Visual Interface）接口，也称数字视频接口。DVI 接口标准由数字显示工作组 DDWG（Digital Display Working Group）于 1999 年 4 月推出，用于 PC 和 VGA 显示器间传输非压缩实时视频信号的设计。

DVI 接口基于最小化传输差分信号（Transition Minimized Differential Signaling，TMDS）技术来传输数字信号。TMDS 是一种微分信号机制，可以将像素数据编码进行串行传递。显卡产生的数字信号由发送器按照 TMDS 协议编码后通过 TMDS 通道发送给接收器，经过解码送给数字显示设备。一个 DVI 接口显示系统包括一个传送器和一个接收器。传送器是信号的来源，可以内建在显卡中，也可以以附加芯片的形式出现在显卡 PCB 上；接收器则是显示器上的一块电路，可以接收数字信号，将其解码并传递到数字显示电路中。通过这两者，显卡发出的信号成为显示器上的图像。

目前的 DVI 接口分为两种：DVI-D 接口和 DVI-I 接口，如图 3-7 所示。DVI-D 接口只能接收数字信号，不兼容模拟信号，接口上只有 3 排 8 列共 24 个引脚，其中右上角的一个引脚悬空。DVI-I 接口与 DVI-D 接口的区别是可同时兼容模拟和数字信号。当 DVI 接口连接 VGA 接口设备时，需要进行接口转换。一般采用这种 DVI 接口的显卡都会带有相关的转换接头。

DVI-D 接口   DVI-I 接口

图 3-7　DVI 接口

DVI 接口传输数字信号时，数字图像信息无须经过任何转换，就可以被直接传送到显示设备上进行显示。这样，一方面避免了烦琐的信号模数和数模转换过程，大大降低了信号处理时延，因此 DVI 接口的信号传输速率更高，其最大速率可以达到 1.65 GHz；另一方面避免了模数和数模转换过程带来的信号衰减和信号损失，所以可以有效消除模糊、拖影、重影等现象，图像的色彩更纯净、更逼真，清晰度和细节表现力都得到了大大提高。

DVI 接口不支持传输音频信号。DVI 接口的信号传输距离与线材有关，一般小于 30 m。目前 DVI 接口在高清显示设备（高清显示器、高清电视、高清投影仪等）上大量应用，尤其是在 PC 显示领域，基本替代了 VGA 接口。

4．HDMI 接口

高清多媒体接口（High Definition Multimedia Interface，HDMI）是一种全数字化视频和声音发送接口，可以发送未压缩的音频及视频信号。HDMI 可用于机顶盒、DVD 播放机、个人计算机、电视、游戏主机、综合扩大机、数字音响与电视机等设备。常见的有四种 HDMI 接口，分别是：

图 3-8　HDMI 接口

HDMI A Type（共有 19 pin，规格为 4.45 mm×13.9 mm）；

HDMI B Type（共有 29 pin，规格为 4.45 mm×21.2 mm）；

HDMI C Type（俗称 mini-HDMI，共有 19 pin，规格为 2.42 mm×10.42 mm）；

HDMI D Type（共有 19 pin，规格为 2.8 mm×6.4 mm）。

HDMI 可以同时发送音频和视频信号。这样，音频和视频信号采用同一条线材，大大简化 HDMI 系统线路的安装难度，如图 3-8 所示。

5．3.5 mm 立体声接口

3.5 mm 的同轴音频插头也称 3.5 mm 立体声接口或小三芯接口，支持立体声的输入/输出功能，主要用于计算机类产品及家用设备，是目前最常见到的音频接口类型。常见的

3.5 mm 立体声接口分二段的、三段的、四段的。这些接口的每段都有对应的功能，如图 3-9 所示。其中最常见的还是三段接口。三段接口的每段标准分布（从端部到根部）依次是左声道、右声道、地线；四段接口（带麦克风功能）的每段标准分布（从端部到根部）依次是左声道、右声道、麦克风、地线。

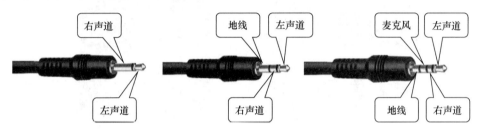

图 3-9　3.5 mm 立体声接口

6．卡农头

卡农头（CANNON）是一种音频接口，专为电容麦克风等高端话筒服务。卡农头可以通过 48 V 的幻象电源或话放（话筒放大器简称）把声音正常输入计算机上。卡农头分为两芯的、三芯的、四芯的等种类，其中最常见的是三芯卡农头，如图 3-10 所示。三芯卡农头分为接地端、热线（又称相线）、冷线（又称零线），分别接到话筒上相应的位置。

图 3-10　卡农头

7．凤凰端子

凤凰端子即 Cresnet 接口，源自德国 Phoenix 电气公司，也称 Euroblock（欧式接线端子）、插拔式接线端子、两件式接线盒，如图 3-11 所示。凤凰端子因其不易脱落，所以在视频监控系统中广泛应用于音频输入和控制信令交互等。凤凰端子是一种低电压断开的（可插入式）接头和接线端子的组合，通常用于麦克风和线性电平音频信号，以及控制信号（如 RS-232 或 RS-485）。凤凰端子使用螺钉接线端子夹住导线（无焊连接）。一旦导线被安装后，便可将整个凤凰端子组件插入匹配的电子设备插座中。通过凤凰端子可以快速地断开或连接电子设备，而不需要拧开与再拧紧每根电线，比传统的连接方式更方便。

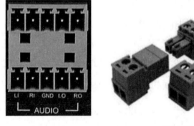

图 3-11　凤凰端子

在视频监控系统中，凤凰端子、RCA 接口、BNC 接口和 MIC 接口都可以作为音频接口。在宇视设备上，主要用到凤凰端子、BNC 接口和 MIC 接口。这些接口除了物理形态不同之外，对连接的外设（外部设备简称）要求及支持的功能也有差异。

凤凰端子、RCA 接口和 BNC 接口有输入和输出之分，而输入接口用于连接拾音器，输出接口用于连接音箱。输入和输出接口的类型不一定相同，如音频输入采用凤凰端子，音频输出采用 BNC 接口。在实际的视频监控系统中凤凰端子、RCA 接口和 BNC 接口通常和视频接口绑定成同一个通道，采集的音频信号可以以录像的形式进行存储。

MIC 接口用于连接麦克风。在视频监控系统中主要用于前端设备的音频采集。因为麦克风的阻抗较小，为了保证信号质量，所以麦克风线缆都比较短。另外，MIC 接口的尺寸较大，所以其在设备上的数量较少，一般只有一个。受限于线缆和数量因素，MIC 接口的应用场合较少，如在宇视视频监控系统中主要用于语音对讲功能。

需要注意的是，拾音器连接的语音输入接口（凤凰端子或 BNC 接口）和 MIC 接口对外设的阻抗特性是不同的。拾音器的阻抗要比麦克风的高得多，所以两种外设不能混用，如把拾音器连接到 MIC 接口是无法使用的。

8. S-端子

S-端子也称"独立视频（S-Video）端子"或 Y/C（误称为 S-VHS 或"超级（Super）端子"），而当中的 S 是"Separate"的英文简称。它是将视频数据分成两个单独模拟信号（光亮度和色度）进行发送的，不像复合视频信号接口是将所有信号打包成一个整体进行发送的。S-端子支持 480i 或 576i 分辨率，如图 3-12 所示。

S 端子可以根据引脚数详细地分为 4 引脚、7 引脚、8 引脚、9 引脚四种型号。与合成视频相比，S-端子更有效地使图像在低损耗的情况下，原画再生。S-端子信号优于复合视频信号，其差距非常明显。

图 3-12　S-端子

3.1.3　光纤接口连接

在视频监控系统中，传输设备上（光端机、交换机、EPON 设备）应用多种光纤接口。常见的光纤接口有四种：ST 接口、SC 接口、LC 接口和 FC 接口，如图 3-13 所示。光纤模块一般都支持热插拔连接。

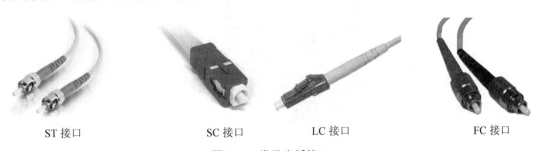

　ST 接口　　　　　　　　SC 接口　　　　　　　LC 接口　　　　　　　　FC 接口

图 3-13　常见光纤接口

1. ST 接口

ST 接口是圆形的卡接式接口，一般用于光纤的中继。其材质为金属，其接口处为卡扣式。

2. SC 接口

SC 接口是方形光纤接口，一般用于设备端接。其材质为工程塑料，具有耐高温、不容易氧化的优点。它采用推拉式连接，接口可以卡在光模块上，是常用于传输设备（如交换机）侧的光接口。

3. LC 接口

LC 接口是方形光纤接口，较 SC 接口小，一般用于设备端的连接。LC 接口与 SC 接口形状相似，较 SC 接口小一些，材质为塑料，用于连接 SFP 光模块，接口可以卡在光模块上。

4. FC 接口

FC 接口是圆形带螺纹接口（配线架上用得最多），一般用于光纤的中继。其材质是金属。FC 接口一般用于 ODF 侧。金属接口的可插拔次数比塑料的要多。其接口处有螺纹，所以 FC 接口和光模块连接时可以很好地固定。在表示尾纤接口的标注中，常见的有"FC/PC""SC/PC"等。

3.2 网络连通性测试

3.2.1 网线测试

在网络通信中，使用的双绞线网络跳线是两端线序都为 T568B 的直通线。网络跳线制作完成后，可通过网络跳线连接测试仪进行连通性测试，如图 3-14 所示。其操作步骤如下。

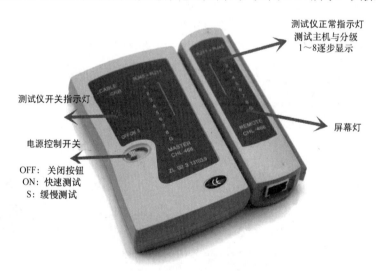

图 3-14 网络跳线测试

1. 网络跳线连接测试仪

将网络跳线的两端分别插入测试仪（包括主、副测试仪）的 RJ-45 接口中。

2. 测试连通性

打开测试仪的开关，观察主、副测试器的指示灯。如果副测试仪的 8 个指示灯与主测试仪的 8 个指示灯依次亮起，则表示网络跳线是通的，否则表示网络跳线不通。

3.2.2 电气测试

电气测试主要完成测试、识别电压。

图 3-15　万用表

在给设备上电前，可通过万用表测试各个电源的供电电压，如图 3-15 所示。其操作步骤如下。

第一步，调整挡位。将旋钮选至相应电压挡位，注意交流、直流的选择，以及挡位最大电压应大于待测电压。

第二步，打开万用表开关。

第三步，测试电源。用万用表的两支笔分别接触待测电源的两个端子（交流：相线、零线；直流：正极、负极），同时观察万用表显示的读数是否为所需电压。如果是直流电源，还要注意观察电源的正极、负极。

3.2.3 客户端 PC 的 IP 配置

网络视频监控系统的所有设备都通过网络进行连接，所以设计系统时要首先进行网络规划，以及给每个设备分配 IP 地址，保证所有设备在规划网段内保持互连互通。工程中安装完设备首先要根据网络规划和设计修改其 IP 地址。

出厂时设备按照产品类型拥有一个默认的 IP 地址，如宇视所有摄像机产品的默认静态 IP 地址为 192.168.1.13，首先把客户端 PC 的 IP 地址改为与该地址同一网段，使得客户端 PC 可以操作摄像机。其操作步骤如下。

（1）先打开"控制面板"窗口，如图 3-16 所示，单击【网络和 Internet】图标，跳转到"网络和 Internet"窗口，单击【查看网络状态和任务】选项，跳转到"网络和共享中心"窗口。

图 3-16　"控制面板"窗口

（2）在"网络和共享中心"窗口，单击【更改适配器设置】选项，弹出"网络连接"窗口，如图 3-17 所示。

图 3-17　"网络和共享中心"窗口

（3）右击【以太网】图标，弹出"以太网属性"对话框，单击【属性】选项，如图 3-18 和图 3-19 所示。

图 3-18　"网络连接"窗口

（4）在弹出的对话框中单击【Internet 协议版本 4（TCP/IPv4）】复选框，并单击下面的【属性】按钮，弹出 IP 地址编辑对话框，如图 3-20 所示，把客户计算机的 IP 地址修改为 192.168.1.14，子网掩码为 255.255.255.0，这样二者就在同一网段了。默认网关和 DNS 服务器可以不予修改。这样就可以修改摄像机的默认 IP 地址为规划 IP 地址了，并登录摄像机。

（5）摄像机的 IP 地址修改可参见 3.3.2 节内容，然后把 PC 的 IP 地址也恢复到规划网段（操作同上）。这样客户端就可以在规划网段登录和操作摄像机了。NVR 和一体机的地址修改步骤也类似，修改方法参见 3.3 节具体内容。

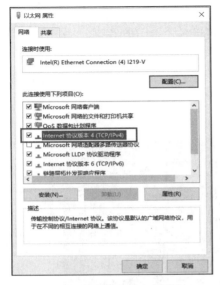

图 3-19　修改 TCP/IPv4 网址

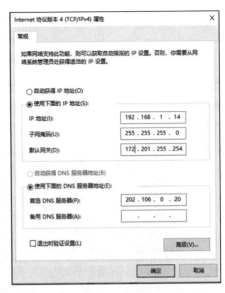

图 3-20　修改客户端 PC 的 IP 地址

3.2.4　使用 ping 命令测试网络性能

在计算机终端，可以通过使用 ping 命令来测试网络的性能。其操作步骤如下。

（1）打开命令行窗口：在计算机终端，按组合键【Win+R】打开"运行"窗口，如图 3-21 所示。在该窗口的输入框中输入"cmd"，然后单击【确定】按钮，打开命令行窗口，如图 3-22 所示。

图 3-21　"运行"窗口

图 3-22　命令行窗口

（2）使用 ping 命令测试网络性能：在命令行窗口中，输入命令"ping　IP 地址 -t"并按回车键。其中，"IP 地址"应为被 ping 的主机设备的 IP 地址；"-t"参数的含义为不间断地 ping 指定计算机，直到管理员中断（可通过组合键【Ctrl+C】停止该命令）；如果省略"-t"参数，则默认只有 4 条回复。注意观察运行结果中是否有丢包及时间，它们可以反映当前网络的性能，如图 3-23 所示。

图 3-23　测试网络性能

3.3　设备连通

3.3.1　系统设备连接

小型视频监控系统可以采用网络视频录像机（NVR）作为主机，以对摄像机等设备和资源进行管理。NVR 具有设备和用户管理，视频预览和云台镜头控制，录像存储、查询和下载，简单的视频智能检测，报警输入、输出管理等功能。

中型视频监控系统可以采用 VMS 一体机作为平台主机。VMS 一体机是为中型视频监控方案而设计的管理设备。VMS 一体机部署简单、操作方便，特别适合应用在超市、车库、社区等视频路数较少的监控场合。中型视频监控系统采用软硬件一体化构建，集流媒体的管理、转发、存储等多功能于一体，具备性能可靠、价格低廉、功能开放、兼容性强、安全性好、传输速率高等优点。

视频监控系统使用之前，需要先完成摄像机、NVR、VMS 一体机、客户端 PC 等设备的硬件安装和系统连接。视频监控系统可以采用有线或无线网络、局域网或广域网等各种网络进行连接。图 3-24 所示为一个基本的使用有线局域网连接的视频监控系统。

在工程实践中，需要使用网线把每台设备通过交换机或路由器进行连接，注意必须确保所有设备的网络配置在同一局域网段或网络可达。图 3-25 所示为一个在实训室中的视频监控系统连接实物。其中，摄像机安装在实训台或吊顶、外墙上，交换机、NVR、VMS 一体机都安装在交换机柜内，而且摄像机、NVR、VMS 都通过网线连接到交换机上。

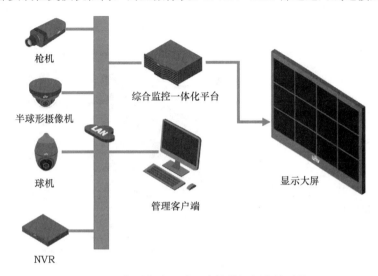

图 3-24　使用有线局域网连接的视频监控系统

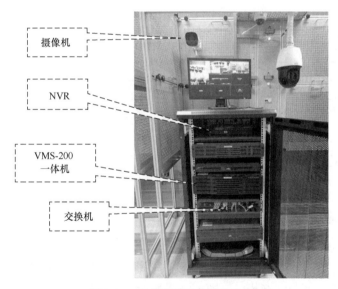

图 3-25　视频监控系统连接实物

3.3.2　摄像机开机使用

1. 摄像机安装和硬件开机

1）摄像机安装

（1）摄像机尾线和端口。

网络摄像机出厂时，除了电源端口和网络端口，同时还有其他端口，以方便附近的设备如拾音器、报警设备等能够搭载摄像机的"网络顺风车"，把信号传输到监控中心。这些端子预留出来接线称为尾线。根据尾线提供信号的全面程度，摄像机可以分为全尾线摄像机和部分尾线摄像机。用户可以根据需要选用相应的摄像机。图 3-26 所示为某摄像机尾纤和端口。某摄像机尾纤和端口介绍见表 3-2。

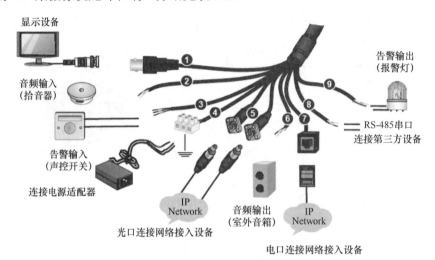

图 3-26　某摄像机尾纤和端口

表 3-2　某摄像机尾纤和端口介绍

编号	接口	用途
1	视频输出接口（VIDEO OUT）	向监视器输出模拟视频信号
2	音频输入接口（AUDIO IN）	输入音频信号或进行语音对讲，音频输入与语音对讲公用该接口，但不能同时使用
3	报警输入接口（ALARM IN）	输入报警信号
4	电源接口	连接电源适配器
5	SFP 光口	连接光口网络
6	音频输出接口（AUDIO OUT）	输出音频信号
7	以太网电口	连接电口网络
8	串口 RS-485	与外接设备交互控制，如控制第三方设备
9	报警输出接口（ALARM OUT）	输出报警信号

（2）摄像机安装方式。

摄像机安装方式有壁装、吊装、角装、立杆式安装、柱式安装、吸顶式安装、嵌入式安装等。吊装一般用于室内安装，原则上不能用于室外。半球形摄像机一般采用吸顶式、嵌入式安装。球机多采用壁装、吊装、角装、立杆式安装或柱式安装。图 3-27 所示的枪机采用壁装。图 3-28 所示的半球形摄像机采用吸顶式安装、球机采用吊装。从图 3-28 中可以看到，球机另外增加了安全绳进行固定，以防止球体掉下。

（3）摄像机安装步骤。

① 先确定是否安装 SD 卡或光模块，如果需要安装，则在摄像机安装到指定地点之前先完成这两个部件的安装。

② 根据现场的实际安装条件和客户的安装要求，如墙体承重和支架长度，选择不同的安装方式，并且准备好所选安装方式实际需要用到的一些支架和配件，如壁装支架、吊

杆、吊杆转接环、立杆抱箍等。

图 3-27　摄像机壁装

图 3-28　摄像机吸顶式安装和吊装

③ 准备安装的工具，如电钻、螺钉旋具（俗称螺丝刀）、梯子等，在现场施工进行摄像机安装。一般先在墙体或吊顶上面画线、打孔，立杆的螺钉孔需要提前根据摄像机的安装尺寸进行定制。

④ 安装支架，例如，把角装配件固定到墙体中，如图 3-29 所示；或者把球机自带转接环安装到立杆上，如图 3-30 所示；如果选择柱式安装，如图 3-31 所示，则先把柱装卡箍旋开，穿入柱装支架的孔内，然后拧紧卡箍，将其固定在柱杆上。安装支架的同时要将电缆传出，最后将摄像机的防护罩安装到支架上即可。

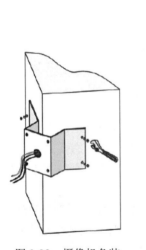

图 3-29　摄像机角装

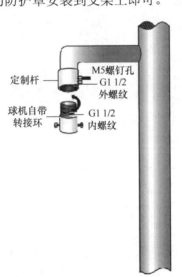

图 3-30　立杆安装

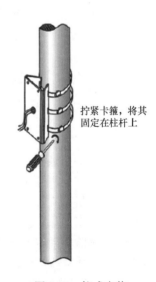

图 3-31　柱式安装

⑤ 在外壳中安装固定摄像机时，摄像机的镜头一定要贴紧窗口，以免出现炫光；否则，图像中会出现摄像机和背景的反射光。为减少反射光，镜头前的玻璃可采用专用涂料。

⑥ 安装电缆的总体原则是将强电和弱电分开走线，过长的电缆可以采用线扣进行捆

扎。电缆与设备连接时，注意识别，不要接错，以避免强电接入错误导致设备烧坏。为了标识电缆，可在其上粘贴标签。

（4）室外安装摄像机注意事项。

① 室外安装的摄像机，应配置防护罩以避免雨淋、高温和寒冷环境，以及灰尘、腐蚀性物质、振动和破坏的影响。为抵御水气和灰尘等，防护罩一般为 IP66 级及以上。在低温和高温环境下，可使用内置加热器和风扇（风机）的防护罩。

② 室外安装的摄像机，需要采取防雷措施。对于直击雷的外部防护，主要通过安装避雷针的方式，摄像机应置于避雷针的有效保护范围之内。当设备在室外独立架设时，应将避雷针安装至 3～4 m 的距离以内。为防止雷电波沿线路侵入摄像机，应在接入的每条线路上加装合适的防雷器，如电源线、视频线、控制信号线和通信线等都需加装防雷器。

③ 室外安装的摄像机，必须做好防水工作。尾线要有防水防护，不可裸露在外。尾线所在区域必须做好整体防水，以避免尾线浸泡在积水中。摄像机网线的防水处理如图 3-32 所示。球机安装时务必在球机与吊杆连接口处进行密封防水处理。

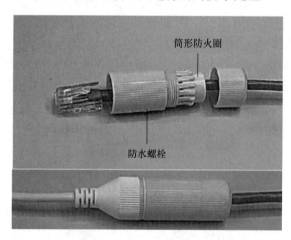

图 3-32 摄像机网线的防水处理

2）摄像机操作模式

摄像机如果通过直流电供电，则要保证电源开关打开；如果通过 POE 供电，则要保证所连接的交换机通电运行。加电以后，摄像机就开机、自检，进入工作状态；直到系统断电，摄像机一直在运行。由于一般的监控场所都需要实现 24 小时监控，所以基本上摄像机一直处于工作状态。

在视频监控系统中，管理摄像机通常有两种方式：一种是用 Web 方式直接登录某台摄像机，进行视频预览和各种设置操作；另一种是通过 NVR、VMS 一体机、管理服务器等主机，对大量的摄像机进行实况预览、资源管理、权限管理等操作（见 3.3.3 节和 3.3.4 节）。

由于一般视频监控系统都拥有数目不菲的摄像机，所以通常多采用后一种方式管理摄像机；只有在新安装的摄像机首次使用时需要进行 IP 地址设置等操作，或者对某一台摄像机进行维护时才会直接登录该摄像机进行操作。

2. 摄像机软件连接

登录之前要保证客户端 PC 上安装 Microsoft Internet Explorer 8.0 或更高版本。宇视摄像机产品的默认静态 IP 地址为 192.168.1.13，所以需要给它在现场的规划网段分配一个 IP 地址，并且修改为新的 IP 地址，使其与规划网段保持连通。然后恢复 PC 原来的 IP 地址（方法同上），重新登录摄像机即可。

（1）首次使用摄像机，先把客户端 PC 的 IP 地址改为与摄像机同一网段，使得客户端 PC 可以操作摄像机。IP 地址修改方法见 3.2.3 节。

（2）在客户端 PC 上运行 IE 浏览器，在地址栏中输入摄像机的 IP 地址，按回车键后会出现登录窗口，首次登录会提示安装控件。安装控件时要关闭当前所有浏览器，按照页面指导完成控件安装后，再重新登录系统。

在登录对话框中，输入用户名（默认为 admin）和密码（默认为 123456，建议修改为强密码），单击【登录】按钮，即可进入 Web 界面。该界面有实况、回放、照片、配置四个选项卡。登录后默认进入实况界面，如图 3-33 所示。

图 3-33　登录摄像机首先显示实况界面

（3）进入配置选项卡，单击左边的【常用/有线网口】命令，输入规划的 IP 地址，如图 3-34 所示，单击【保存】按钮保存配置。

摄像机修改成规划网段分配的 IP 地址后，由于和客户端 PC 不在同一个网段，所以系统会强行退出。此时，恢复 PC 原来的 IP 地址（方法同上），重新登录摄像机即可。之后就可以通过同一网段的客户端 PC 登录摄像机或通过 NVR、VMS 一体机进行使用和管理了。

图 3-34　有线网口配置

3.3.3　NVR 开机使用

1. NVR 硬件连接

1）开机、关机

（1）上电前应先确保正确连接线缆，接地良好，并且使用标配电源，确认已正确安装硬盘。

（2）通过主菜单关机。单击【主菜单/设备关机】命令，单击【关机】按钮。在系统正常运行或关闭过程中，请勿强行断电。

2）设备接口

以宇视的 NVR-B200-I2 为例，其后面板如图 3-35 所示。其接口介绍如下。

图 3-35　NVR-B200-I2 后面板

（1）右边是 DC 12 V 电源接口和电源开关，通过电源适配器连接到 AC 220 V 的电源插座。

（2）左边是两个网络端口，分别命名为网卡 1 和网卡 2。小型视频监控系统可以只连接一根网线进行工作，也可以同时连接两根网线，让 NVR 的双网口同时工作。

（3）网络端口右边是音频输入和输出接口。输入接口用于连接拾音器；输出接口可以连接音箱。

（4）NVR 提供一个 VGA 接口和一个 HDMI 接口，用来连接显示器，还提供了两个 USB 接口，可以插接鼠标进行本地工作。当然，USB 接口也可以插接 U 盘用于录像下载或系统升级。

（5）USB 接口右边的绿色凤凰端子是报警输入和报警输出接口，用来在本地接入一些报警设备，如红外对射报警器、警灯或讯响器等。

2. NVR 软件连接（NVR 本地操作模式）

可以直接本地登录 NVR 进行操作。这时，要确保至少有一台显示器与设备后面板的 VGA/ HDMI 接口正常连接，且线缆和接口类型保持一致，否则无法看到本地界面。同时，要把鼠标通过 USB 接口连接到 NVR 上面。

NVR 开机后，进入预览画面，在右键快捷菜单中单击【主菜单】命令，将显示用户登录对话框。在用户登录对话框中选择登录用户，并输入正确的密码，单击【登录】按钮即可登录设备。初次使用 NVR，会自动弹出向导界面，可以在向导界面中进行简单配置，使设备正常工作。

开启向导的操作步骤如下。

（1）启动向导。可以根据需要选择下次开机时是否开启向导，然后单击【下一步】按钮，进入"密码修改"界面。若选择下次开机时不开启向导，则 NVR 下次启动后将不再出现向导界面。单击【主菜单/系统配置/基本配置】命令，进入"基本配置"界面，选择启动向导。

（2）输入管理员密码（默认为 123456），单击【下一步】按钮，进入"时间配置"界面。

（3）选择时区和日期、时间格式并设置系统时间后，单击【下一步】按钮，进入"有线网络"界面。

（4）配置 IP 地址、子网掩码及默认网关，若无特殊需求，其他网络参数取默认值即可。

（5）单击【搜索】按钮，自动搜索 IP 设备。选择需要添加的 IP 设备后，单击【添加】按钮。单击【下一步】按钮，进入"录像配置/抓图配置"界面，如图 3-36 所示。

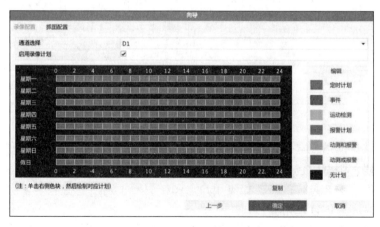

图 3-36　"录像配置/抓图配置"界面

（6）配置录像/抓图计划，单击【确定】按钮，完成向导配置，即可进入 NVR 进行各种操作。具体操作详见第 4 章的相关内容。

3. NVR 软件连接（Web 操作模式）

首先应该保证 NVR 的 IP 地址在本网段。

1）准备条件

（1）设备正常运行。

（2）客户端 PC 与设备的网络连通。

（3）具备相应的操作权限，拥有至少一个合法的用户名和密码。

（4）客户端 PC 系统的最低要求是 Windows 7/Windows 8。64 位 PC 系统要使用 32 位的浏览器。建议在客户端 PC 上安装 Microsoft Internet Explorer 9.0（IE9.0）及以上版本的浏览器，且没有控件不支持回放，支持 Firefox、Chrome、Opera 浏览器。

（5）Web 界面中呈灰色显示的参数表示当前登录状态下不可修改。

2）NVR Web 登录

（1）使用本网段的一台客户端 PC，打开 IE 浏览器（要求 IE9.0 以上版本），输入 NVR 的 IP 地址，出现登录界面，如图 3-37 所示。首次登录，网页会自动提示下载插件。下载插件，关闭浏览器，成功安装插件以后，再打开浏览器重新登录。如果出现提示框是否允许该插件加载项，则单击【允许】按钮。

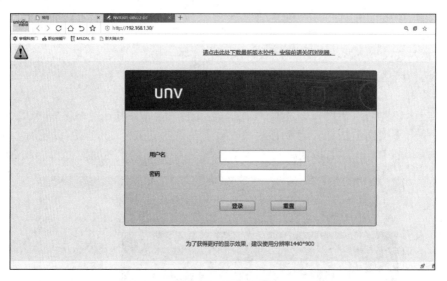

图 3-37　登录界面

（2）使用默认的用户名 admin 和密码 123456 登录。为保证安全，强烈建议将默认密码设置为强密码。强密码包含大写字母、小写字母、数字和特殊字符 4 种中的 3 种或以上，并且长度不小于 8 位。注意，如果用户名和密码不正确，则在连续 4 次输入错误后锁定系统，一段时间后恢复正常。

（3）登录成功后，首先显示实况预览界面，如图 3-38 所示，由于还没有添加摄像机，所以实况预览界面为黑色。

3）NVR 的 IP 地址配置

首次使用 NVR 时必须先把客户端 PC 的 IP 地址改为与 NVR 同一网段，然后登录

NVR、修改 NVR 的 IP 地址到规划网段。关于地址修改的操作：在登录 NVR 后进入配置选项卡，左侧出现导航栏，单击【网络配置/TCP/IP】命令，出现地址修改界面，如图 3-39 所示，输入规划网段分配的 IP 地址及对应的其他网络参数即可。

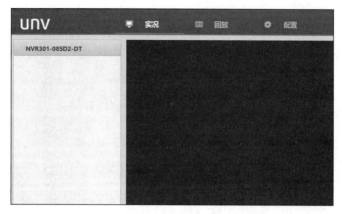

图 3-38　实况预览界面

图 3-39　地址修改界面

需要注意的是，NVR 的双网口同时工作，有以下三种工作模式。

（1）多址设定模式：用来连接两个网段的摄像机，如一个局域网、一个广域网。

（2）负载均衡模式：两个网口连接到一个交换机上，二者同时工作来提高传输速率。

（3）网络容错模式：虽然两个网口都连接了网线，但是一个设置为主网口、另一个设置为备用网口。平时，主网口在工作。只有主网口网络连接不成功时，才会自动切换到备用网口继续工作。

4）添加摄像机

进入配置选项卡，在窗口左侧显示配置导航栏，单击【通道配置/IPC】命令，打开IPC 配置界面，添加摄像机。等摄像机添加成功且上线以后，切换到实况选项卡，就可以进行实况预览、录像回放等相关操作了。具体操作步骤请参见第4章相关内容。

3.3.4　VMS-B200 一体机开机使用

VMS-B200 一体机是集"管理、存储、转发、解码"四大模块于一体的四合一平台，具有低廉，开放，大容量，传输速率高，兼容性、安全性好等优点，可快速构建视频监控系统，广泛用于局域网监控和广域网监控场景。

1. VMS-B200 一体机的硬件连接

1）电源接口

为了提高设备的可靠性，VMS-B200 一体机后面板提供了双电源接口，即如图 3-40所示的接口 19 和 20，且其下面各有 1 个开关。只要把交流 220 V 电源线接入这两个接口，打开电源开关即可加电开机。

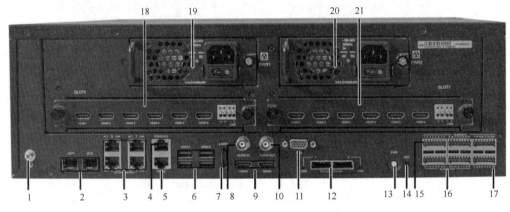

图 3-40　VMS-B200 一体机后面板接口

2）网络接口和网络连接

VMS-B200 一体机可接入 IPC、NVR、解码器、解码卡、网络键盘、报警主机、门禁主机等设备，可管理 1000 台 IPC 或 NVR。如果视频监控网划分为核心层、汇聚层、接入层三层结构，建议把 VMS-B200 一体机安放在核心层交换机中，其他设备连接到接入层交换机。

如图 3-40 所示，VMS-B200 一体机后面板有 6 个网络接口：4 个电口（接口 3）、2 个光口（接口 2）。其中，4 个电口和 2 个光口公用一个网卡地址。每个网口支持接入带宽512 Mbps，可以存储 256 路信号、转发 384 路信号。

3）视频输出接口和解码能力

如图 3-40 所示，VMS-B200 一体机有一个 VGA 接口（接口 11）、2 个 HDMI 接口（接口 9），并可以同时支持 3 块显示屏、共计 16 路 1080P 解码信号输出。可插 2 块高清视频解码卡（接口 18 和 21），每块提供 6 个 HDMI 接口，最大可以支持 12 块显示屏、96 路 1080P 解码信号输出，再加上基本的 3 个输出接口，共计可以支持 15 块显示屏、112 路 1080P 解码信号输出。

4）存储接口和存储能力

一般 IPC 视频流可以在 NVR 内全天存储，在 VMS-B200 一体机内备份存储。本机内部最多可以安装 16 块硬盘，且无须断电开箱，拆卸其前面板即可安装。本机也可以通过直连磁盘阵列进行扩容，从其后面板的接口 12（mini sas 接口）接入磁盘阵列即可。

为了连接外存储设备，在图 3-40 上可以看到 VMS-B200 一体机提供了 4 个 USB 3.0 接口（接口 6），可以插接 U 盘；一个 eSATA 接口（接口 7），用来接移动硬盘。USB 3.0 接口拥有 5 Gbps 的高带宽，比 USB 2.0 接口的高 10 倍；eSATA 接口拥有 3 Gbps 的传输速率。

5）扩展能力

如果单台设备带宽不够、路数不够，可以增加从机，扩大存储、转发能为（从机数量≤8 台），用户只要登录主机即可访问整套系统，也可通过标准国标协议接入上级平台，实现多域级联。上级平台可实现对 VMS-B200 一体机的视频实况查看、录像回放等。

6）其他接口

VMS-B200 一体机提供了通信接口，如图 3-40 所示的接口 5，为 RS-485 现场总线接口和 RS-232 串口，前者用来连接需要进行控制的设备如云台、键盘等，后者用来在没有网络时与计算机进行通信，如进行串口调试。此外，如图 3-40 所示的接口 16 和 17，为 VMS-B200 一体机的报警输入和报警输出的凤凰端子接口，用来在本地接入一些报警设备，如警灯或讯响器。

7）操作方式

VMS-B200 一体机有两种操作模式：Web B/S 模式和 C/S 模式。所谓 Web B/S 模式，就是设备包含了一个 Web 服务器、拥有 IP 地址，所以不需要专用的客户端软件，直接使用同网段任何一台计算机、打开通用的浏览器、输入设备的 IP 地址就可以登录。C/S 模式必须使用专用的客户端软件才能登录设备进行操作。

VMS-B200 一体机的 Web B/S 模式主要进行业务配置（设备添加、权限分配等），而其 C/S 模式主要进行业务操作（实况、回放、解码上墙等）。下面分别介绍这两种操作模式。

2. VMS-B200 一体机的软件连接（Web B/S 模式）

1）设备登录

选择一台 PC，确保该 PC 和 VMS-B200 一体机网络可达。VMS-B200 一体机 4 个电口的出厂默认 IP 地址分别是 192.168.1.60、192.168.2.60、192.168.3.60 和 192.168.4.60，选择其中一个电口接入交换机。首次使用 VMS-B200 一体机时，必须先把客户端 PC 的 IP 地址改为与 VMS-B200 一体机的在同一网段。

首先保证 VMS-B200 一体机的 IP 地址和客户端 PC 的在同一网段，然后打开浏览器（关于浏览器的版本要求和摄像机相同，此处不再赘述），输入 VMS-B200 一体机的 IP 地址，出现登录界面。该界面最下面一行出现若干个图标，第一个便是用来下载 C/S 模式客户端软件的，单击该图标，可以进行该客户端软件下载。

在该界面中，输入用户名和密码，即可登录 VMS-B200 一体机。默认的用户名为 admin、密码为 123456，最好修改为包含数字、大小写字母及符号的强密码，以保证系统的安全。VMS-B200 一体机登录界面如图 3-41 所示。

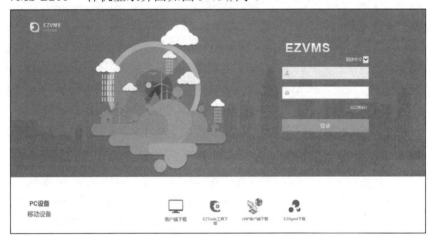

图 3-41　VMS-B200 一体机登录界面

2）修改 VMS-B200 一体机的 IP 地址

为了 VMS-B200 一体机能够管理本网段的摄像机、解码器等设备和资源，需要给 VMS-B200 一体机分配一个本监控网规划的 IP 地址，并且把对应网卡的 IP 地址修改为所分配的地址。新机器通常以默认地址登录，需进行地址修改。地址修改使用【系统配置/网络配置/TCP/IP】命令，打开如图 3-42 所示界面，选择本网段连接的 VMS-B200 一体机网卡，如网卡一，输入分配好的规划网段 IP 地址等网络参数，单击窗口底部的【保存】按钮，其 IP 地址就修改成功了。

图 3-42　VMS-B200 一体机的 IP 地址修改

此时，由于客户端 PC 和 VMS-B200 一体机不在一个网段了，VMS-B200 一体机将自动退出。恢复 PC 的 IP 地址到规划网段，再输入 VMS-B200 一体机的新 IP 地址重新登录即可进行其他操作。

3）创建组织、角色，添加用户

对于用 VMS-B200 一体机进行管理的视频监控系统，根据管理的需要规划好组织、角色，并且给相关操作、管理人员授予相应权限的角色。

组织管理是 VMS-B200 一体机管理资源的一种方式，如图 3-43 所示。组织有两种类型——基本组织和自定义组织。二者的区别：在基本组织中，IPC 只能划归一个组织进行管理，NVR 的所有通道也只能被一个组织管理，也就是说，基本组织是以设备本体级别进行资源管理的；在自定义组织中，可以将一台 NVR 中的通道划归到不同的组织中进行管理，或者将不同 NVR 中的通道划归到同一个组织中，就相当于一个快捷方式。我们可以通过自定义组织灵活地划分资源，进行资源共享。将自定义组织指定给某个角色，限制该角色用户在客户端只能操作特定的资源；也可以将自定义组织目录推送给上级域。

图 3-43　VMS-B200 一体机组织管理

VMS-B200 一体机虽然也有用户管理功能，但是其资源是按角色分配权限的，所以当创建一个用户时，如图 3-44 所示，除了填写用户名和密码，同时必须赋予某个角色，否则无法拥有操作和管理权限，而且用户有操作时间的限制，只能在有效时间内登录。

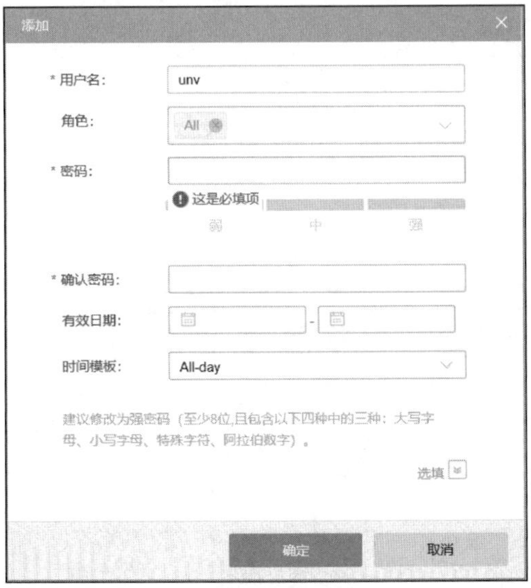

图 3-44　创建用户

VMS-B200 一体机提供了用户锁定功能，如图 3-45 所示的小锁图标。如果用户进行了一些不恰当的操作或者由于其他原因，需要暂时限定该用户不可以操作系统，那么拥有更高权限的管理员可以锁定该用户。被锁定的用户只有在解锁后才可以继续登录和操作。

图 3-45　VMS-B200 一体机用户锁定、删除等操作

角色为权限的体现，可以把角色看作同一类权限的用户集合，是 VMS-B200 一体机提供访问控制及信息绑定的基本单位。角色分为管理员和操作员，可以自定义角色，指定该类角色的用户能对哪些设备及通道进行哪些功能配置或业务操作。

VMS-B200 一体机支持操作端和设备端进行不同的角色权限配置，操作端用来进行系统权限的分配，主要包括操作权限和管理权限两类，如图 3-46 所示。设备权限用来分配该角色可以操作的设备、通道资源，保证该角色的用户不能操纵权限以外的其他视频资源，如图 3-47 所示。

图 3-46　VMS-B200 一体机角色分配系统权限

图 3-47　VMS-B200 一体机角色分配设备权限

4）设备添加

VMS-B200 一体机可以添加局域网内的 IPC、NVR、编码器、解码器、网络键盘。添加设备可以采用自动搜索或者精准添加两种方式，添加完毕的设备列表显示在窗口中，状态为灰色（实际屏幕显示为绿色）图标的表示在线，如图 3-48 所示。

	IP地址	设备名称	设备类型	接入协议	所属服务器	所属组织	设备型号	在线状态	操作
	192.168.1.13	192.168.1.13	IPC	私有	VMS-B200-A16@R	根组织	IPC2A5L-IR3-UF40-D-DT	☑在线	✎ 🗑 🖥 e
	192.168.1.30	192.168.1.30	NVR	私有	VMS-B200-A16@R	根组织	NVR301-08SD2-DT	☑在线	✎ 🗑 🖥 e

图 3-48　VMS-B200 一体机设备管理界面

自动搜索可以按网段、状态和类型限定范围进行，搜索结果以设备列表的形式显示在窗口中，如图 3-49 所示。

勾选设备前面的复选框选定设备，单击该设备所在行的【+】按钮进行单台添加，也可以同时勾选多台设备、单击【+批量添加】按钮进行批量添加。批量添加的设备需要拥有相同的用户名、密码、设备类型和组织属性，如图 3-50 所示。

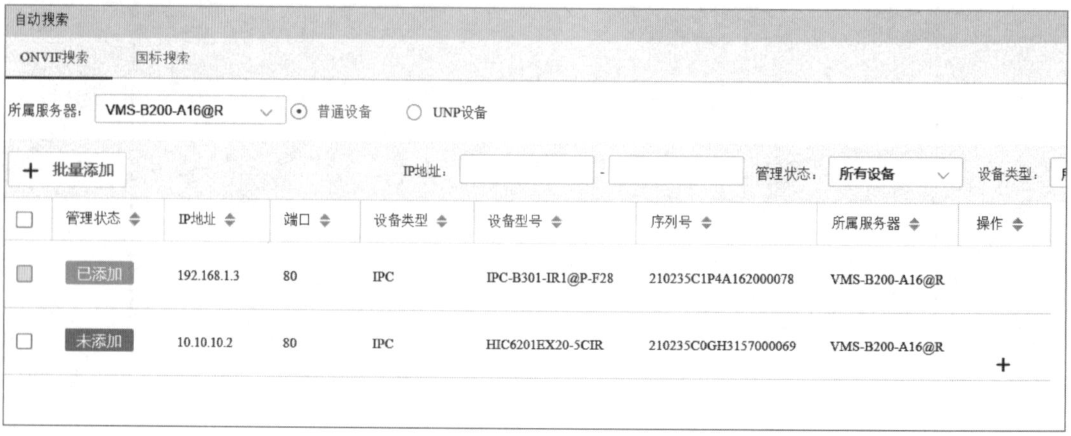

图 3-49　VMS-B200 一体机自动搜索设备

图 3-50　VMS-B200 一体机设备批量添加

单台添加时会弹出和精准添加时一样的对话框，如图 3-51 所示，输入加入协议、设备名称、组织名称、IP/域名、端口、用户名和密码，就可以添加该设备了。VMS-B200 一体机支持宇视私有、ONVIF 和国标协议，对于宇视的设备选择私有就可以了。对于非宇视的设备，使用 ONVIF 和国标协议添加之前，需要打开设备的相应协议并进行相应的协议设置。

例如，在 VMS-B200 一体机使用 ONVIF 协议添加一台第三方的摄像机，除了在图 3-51 所示的添加设备对话框中选择 ONVIF 协议，还需要先登录第三方摄像机，打开 ONVIF 协议，如图 3-52 所示。

图 3-51　VMS-B200 一体机设备单台添加

图 3-52　VMS-B200 一体机使用 ONVIF 协议添加，需要设备打开 ONVIF 协议

5）视频应用

在完成上面步骤的组织设定、角色分配和设备添加后，就可以进入视频应用界面进行实况预览或录像回放等应用了，如图 3-53 所示。

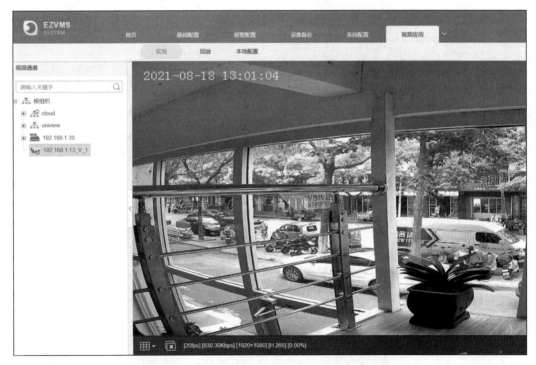

图 3-53　VMS-B200 一体机视频应用实况预览画面

3. VMS 一体机的软件连接（C/S 模式）

1）备工作

登录之前，要保证运行客户端软件的 PC 和 VMS-B200 一体机的 IP 地址网络是可达的。

该 PC 已经通过 Web B/S 模式登录该 VMS-B200 一体机并已经成功下载、安装了 C/S 模式客户端软件 EZVMS。

VMS-B200 一体机通过 Web B/S 模式已经完成组织设定、角色分配、用户添加和设备添加。

2）客户端登录

双击 PC 桌面 C/S 模式客户端软件 EZVMS 的图标，打开 EZVMS 软件，出现登录界面，如图 3-54 所示。一般按 IP 方式登录，所以输入 VMS-B200 一体机（当前服务器）的 IP 地址、用户名和密码，即可登录 VMS-B200 一体机。默认的用户名为 admin、密码为 123456。

图 3-54　登录界面

3．客户端操作界面

登录后的界面如图 3-55 所示，只显示控制面板界面；如果打开其他功能（如实况），则可以同时显示打开的实况等多个界面。

图 3-55　登录后的界面

控制面板界面分为上下两栏。

上栏提供实况、回放、电视墙、报警记录、语音、客流量统计等常用操作。但是注意，作为客户端软件，只能进行有限权限的操作。更高级的管理和设置操作，只能以管理者用户名通过 Web B/S 模式实现。单击【实况】按钮可打开实况预览界面（见图 3-56）、单击【回放】按钮可打开录像回放界面（见图 3-57），其他模块应用方式类似。

图 3-56　实况预览界面

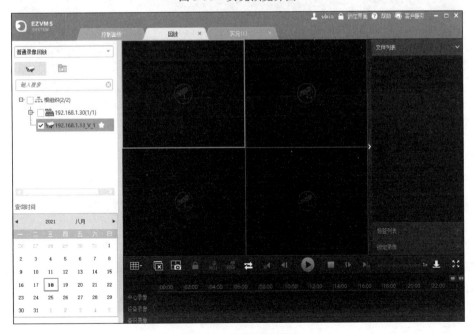

图 3-57　录像回放界面

下栏可以进行电子地图、报警配置、客户端配置。报警主机、门禁控制、人脸识别、卡口监控、行为检索、混行监测、资源管理的配置。如果系统已经连接了报警主机等相应的硬件，可以接入报警主机门禁控制、人脸识别、卡口监控等功能，对系统进行扩展。更多操作，此处不再赘述。

3.3.5　常见连接方面的问题分析

1. 设备不能登录

（1）在浏览器里输入 IP 地址，不出现登录界面。

解决办法：

先从 PC 使用 ping 命令测试，测试 PC 和视频控制设备的网络连通性。

如果 ping 命令测试结果为该网络不连通，则查看 PC 和视频监控设备的 IP 地址，看网络是否可达。

网络设置没有问题的话，有可能发生了物理连接问题，重新把网线插紧一些，查看交换机的状态灯是否正常。

如果交换机状态灯异常，则把网线拔下、用测线仪测试是否连通。如果该测试的结果是网线的问题，则更换网线。

（2）VMS-B200 一体机 B/S 登录界面无法显示【登录】按钮，如图 3-58 所示，输入用户名和密码也无法登录。

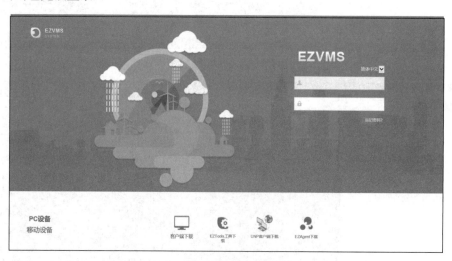

图 3-58　VMS-B200 一体机 B/S 登录界面没有确定按钮的故障

解决办法：

登录前，先清理浏览器的历史记录。操作方式：单击【工具/Internet 选项/常规】命令，单击【删除】按钮，也可以勾选【退出时删除浏览历史记录】复选框并单击【确定】按钮进行保存。

2. 成功登录，没有实况界面

（1）IPC 登录成功，但是无法观看实况界面。

解决办法：

先检查登录时是否勾选【自动实况】复选框。若没问题，则查看是否安装了控件。第一次登录 IPC 都会提示下载和安装控件，如图 3-59 所示。确保控件安装没有问题后，关闭当前 PC 的防火墙，重新登录设备即可观看实况界面。

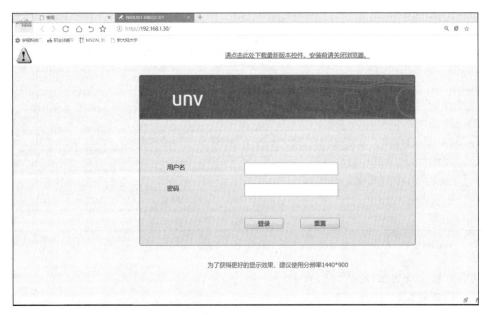

图 3-59　提示下载和安装控件

（2）在 Windows 7 客户端上首次登录时，未提示安装控件。

解决办法：

更改用户账户的控制设置，并且重新登录。操作方式：单击【控制面板/用户账户和家庭安全】命令，单击【用户账户】命令，单击【更改用户账户控制设置】命令，设置为"从不通知"后确认后即可。

（3）控件安装失败。

解决办法：

登录前，先将设备 IP 加入 IE 的受信任的站点。操作方式：单击【工具/Internet 选项/安全】命令，选择"受信任的站点"选项并单击【站点】按钮，添加为受信任的站点。若在 Windows 7 上不是以管理员身份登录的，则还需要将控件先保存在本地，然后选择"以管理员身份运行"选项，右击并安装即可。

3.4　设备连接实训

3.4.1　小型视频监控系统的设备连接实训

1．实训目的

组建一个由网络摄像机、NVR、VMS-B200 一体机组成的小型视频监控系统，完成设备电源线和信号线等线缆的连接，知道这些视频监控的网络设备是通过网线和交换机连接在一起的。

2．实训设备

小型视频监控系统所需设备见表 3-3。

表 3-3　小型视频监控系统所需设备

序号	所需设备类型	数量
1	PC	1 台
2	监视器	1 台
3	网络摄像机（IPC）：一台球机，一台枪机	2 台
4	DC 12 V 电源端子 （如果交换机不带 POE 端口，则用本电源给 IPC 供电）	1 个
5	交换机（最好带 POE 端口）	1 台
6	NVR-B200-I2 智能存储一体机	1 台
7	VMS-B200 一体机	1 台
8	网线	若干

3．实训内容

实训内容主要包括以下三个方面。

（1）设备安装。

（2）电源线连接。

（3）网线连接。

4．实训步骤

1）设备安装

把 IPC 根据现场情况安装到适当的位置，安装方法参考 3.3.2 节中摄像机安装和硬件开机的内容。参考图 3-25，把交换机、NVR、VMS-B200 一体机均安装到机柜中。

2）电源线连接

如果 IPC 支持 POE 供电，则可以通过网线由交换机供电，从而省去电源线，否则连接 DC 12 V 电源端子供电。把交换机、VMS-B200 一体机的电源线插头连接到 AC 220 V 电源插座直接供电。NVR-B200 一体机自带一个电源适配器，将适配器插到电源插座供电。

3）网线连接

把 PC、IPC、NVR、VMS-B200 一体机每个设备通过一根网线连接到交换机，拓扑结构参考图 3-24。

4）其他线缆连接

如果 IPC 需要连接拾音器或报警探头等设备，则参考图 3-26 进行连接。

3.4.2　设备 IP 地址的规划和修改

1．实训目的

能够修改摄像机的 IP 地址，使其和所在网段的 IP 地址保持互连互通，使得本网段的客户端 PC 可以成功登录摄像机并进行各种操作。

2．实训设备

实训所需设备与 3.4.1 节中的相同，见表 3-3。

3．实训内容

（1）给本实训室视频监控系统规划一个网段，按组分配 IP 地址范围，每个小组里给每台视频监控设备和 PC 分配一个 IP 地址，并且列表进行记录。

（2）能够查看和修改 PC 的 IP 地址。

（3）查看和修改 IPC、NVR、VMS-B200 一体机等视频监控设备的 IP 地址。

（4）使用 ping 命令检测 PC 和视频监控设备之间的网络连通情况。

4．实训步骤

1）网段地址规划

（1）给本实训室视频监控系统规划一个网段，按组分配 IP 地址范围。

（2）网段规划举例。

例如，本实训室选择使用 192.168.2.X 网段，子网掩码为 255.255.255.0，网关的 IP 地址为 192.168.2.254。假设班级分为 8 组，每组拥有 20 个 IP 地址，各组 IP 地址分配见表 3-4。当然也可以自己规划 IP 地址并填入表 3-4。每个小组给每台视频监控设备和 PC 分配一个 IP 地址，如第 2 组的设备 IP 地址分配见表 3-5。

表 3-4　各组 IP 地址分配

序号	小　组	IP 地址范围	序号	小　组	IP 地址范围
1	第 1 组	192.168.2.1～192.168.2.20	5	第 5 组	192.168.2.81～192.168.2.100
2	第 2 组	192.168.2.21～192.168.2.40	6	第 6 组	192.168.2.101～192.168.2.120
3	第 3 组	192.168.2.41～192.168.2.60	7	第 7 组	192.168.2.121～192.168.2.140
4	第 4 组	192.168.2.61～192.168.2.80	8	第 8 组	192.168.2.141～192.168.2.160

表 3-5　第 2 组的 IP 地址分配

序号	所需设备类型	IP 地址
1	PC	192.168.2.31
2	网络摄像机 1（球机）	192.168.2.32
3	网络摄像机 2（枪机）	192.168.2.33
4	NVR-B200-I2 智能存储一体机	192.168.2.34
5	VMS-B200 一体机	192.168.2.35

2）修改新购视频监控设备的 IP 地址

（1）给 PC、交换机及球机通电。由于宇视摄像机产品的默认静态 IP 地址为 192.168.1.13，所以我们的任务是把其 IP 地址修改为现场规划网段所分配的 IP 地址 192.168.2.32。

（2）先把 PC 的 IP 地址修改为和球机的在同一个网段，如 192.168.1.16，然后使用 ping 命令测试 PC 和球机的连通情况。

（3）在保证 PC 和摄像机网络互通的情况下，打开 IE 浏览器，输入球机的 IP 地址 192.168.1.13，登录摄像机，将其 IP 地址修改为 192.168.2.32，详见 3.3.2 节中摄像机软件连接的内容。

（4）给网络摄像机 2（枪机）通电，按照以上步骤（2）、步骤（3）将其 IP 地址修改为 192.168.2.33。

（5）NVR 通电，将其 IP 地址修改为 192.168.2.34，步骤同上。注意宇视新购 NVR 的默认 IP 地址为 192.168.1.30。NVR 地址修改方法详见 3.3.3 节 NVR 软件连接（Web 操作模式）的内容。

（6）VMS-B200 一体机通电，将其 IP 地址修改为 192.168.2.35，步骤同上。注意宇视新购 VMS-B200 一体机 4 个电口的出厂默认 IP 地址分别是 192.168.1.60、192.168.2.60、192.168.3.60、192.168.4.60，如选择第 1 个电口接入交换机，则其默认 IP 地址为 192.168.1.60。VMS-B200 一体机地址修改方法详见 3.3.4 节 VMS-B200 一体机的软件连接（Web B/S 模式）的内容。

（7）设置 PC 的 IP 地址为本网段分配的 IP 地址 192.168.2.31。

（8）然后使用 ping 命令分别测试 PC 和网络摄像机、NVR、VMS-B200 一体机的连通情况。

3）修改旧设备的 IP 地址

如果网络摄像机不是新购的，但我们需要发现所有的网络设备并整理它们的 IP 地址到自己设计的网段，这时可以使用一个工具软件——EZTools。它是一个通用辅助工具集，主要用于设备搜索、升级及参数的远程配置、存储时间及容量的快速计算。下面介绍使用这种方法修改设备 IP 地址的步骤。

（1）软件下载。在浏览器中登录宇视官网。选择宇视官网/服务与培训/下载中心/客户端软件下载/EZTools 辅助工具软件。将该软件下载后进行安装。宇视官网 EZTools 软件下载界面如图 3-60 所示。

（2）查看设备的 IP 地址。打开 EZTools 软件设备管理界面，如图 3-61 所示，可以看到当前网段的所有网络设备，根据设备名称、设备型号就能知道是什么类型的视频监控设备。

（3）修改设备的 IP 地址。如果实训室多个实训台公用交换机，那么 EZTools 的设备列表里是所有可见的网络设备，我们需要先找到自己的设备，再修改 IP 地址。

可以采取排除法寻找自己实训台的对应设备，把自己实训台的视频监控设备逐一拔掉网线，对比一下网线拔掉前后 EZTools 设备管理界面的设备列表，减少了哪台设备，就是自己实训台的对应设备。然后把网线重新插上，进行 IP 地址的修改。

图 3-60　宇视官网 EZTools 软件下载界面

图 3-61　EZTools 软件设备管理界面

（4）检查 IP 地址修改是否正确。根据本实训台视频监控设备的 IP 地址分配表，登录摄像机，查看图像，确认是不是自己实训台的球机。对于枪机，也进行相应检查。再登录 NVR 和 VMS-B200 一体机，加入本实训台球机和枪机，通过检查图像，确认是否为本实训台的设备。

3.4.3　摄像机图像调试实训

1．实训目的

掌握摄像机图像调试的操作方法，并且理解各类视频图像参数的作用和对图像的影响。

2．实训设备

摄像机图像调试所需设备和器材见表 3-6。

表 3-6　摄像机图像调试所需设备

序号	所需设备类型	数量
1	PC	1 台
2	监视器	1 台
3	网络摄像机（IPC）	1 台
4	交换机（最好带 POE 端口）	1 台
5	DC 12V 电源端子　（如果交换机不带 POE 端口，则用本电源给 IPC 供电）	1 个
6	网线	若干

3．实训内容

掌握摄像机常见图像功能调试等基本操作，理解各个图像参数的含义及其变化对图像效果带来的影响。

4．实训步骤

（1）从客户端 PC 登录网络摄像机，具体操作方法见 3.3.2 节中摄像机软件连接的内容。

（2）进入配置界面，单击【图像/图像调节】命令，弹出图像调节界面，如图 3-62 所示。

图 3-62　图像调节界面

（3）图像增强参数的设置：单击图像增强选项的向上小三角，展开图像增强调节界面，进行如下操作。

① 用鼠标拖动亮度按钮，进行亮度参数的调整，观察左边的预览图像受到什么影响。

② 进行饱和度、对比度和锐度参数的调整，观察参数对预览图像的影响。

③ 进行图像水平或垂直镜像操作，观察预览图像效果。

④ 调节 2D 降噪、3D 降噪参数的等级，观察预览图像变化。

（4）曝光参数的设置：单击曝光参数选项的向上小三角，展开曝光参数调节界面，如图 3-63 所示，进行如下操作。

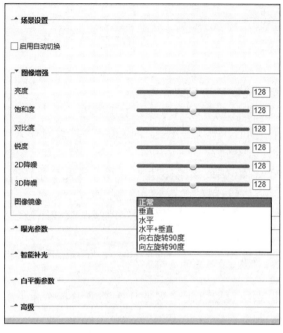

图 3-63 图像增强调节界面

① 在自动曝光和自定义曝光模式下分别进行曝光参数调整，分别观察预览图像的效果。

② 在手动曝光模式下，改变电子快门的时间参数，观察参数大小对预览图像亮度的影响，并得出结论。

③ 在手动曝光模式下，改变光圈的参数，观察参数大小对预览图像亮度的影响。

④ 在手动曝光模式下，改变增益的大小，观察增益参数对预览图像亮度的影响。

⑤ 进行夜晚和白天模式的切换，观察预览图像的效果，哪个模式下预览图像是黑白的。

⑥ 想办法在场景增加灯光，营造一个明暗对比鲜明的场景，然后调整宽动态参数，观察预览图像的显示效果。

（5）白平衡参数的设置：单击白平衡参数选项，展开白平衡参数调节界面，如图 3-64 所示，进行如下操作。

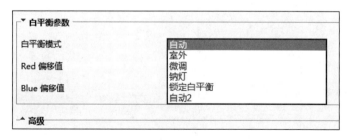

图 3-64 白平衡参数调节界面

① 在自动和微调模式下分别进行白平衡参数的调整，观察预览图像的效果。

② 切换白平衡模式，观察预览图像的效果。

③ 在微调模式下，改变红增益和蓝增益的参数，观察预览图像的效果。

习题 3

3-1　视频监控系统常见的供电模式有哪些？

3-2　视频监控系统中常见的视频信号接口有哪些？

3-3　NVR 的双网口同时工作有三种工作模式：多址设定模式、网络容错模式、负载均衡模式，请问它们有什么不同？

3-4　在 VMS-B200 一体机中，组织、角色、用户这几个术语有何不同和关联？

3-5　宇视 NVR 里可以通过哪些协议添加宇视 IPC？

3-6　在网络通信中，经常使用的双绞线网络跳线两端线序是 T568A 还是 T568B？如何测试其连通性？

3-7　小型视频监控系统可以采用宇视的什么类型设备作为主机进行管理？简单论述该主机的功能。

3-8　中型视频监控系统可以采用宇视的什么类型设备作为主机进行管理？简单论述该主机的功能。

3-9　摄像机尾线有哪些？至少说出五个。

3-10　简述摄像机的安装步骤。

3-11　NVR 用 Web 操作之前，应该完成哪些准备条件？

第4章

系统调试

4.1 系统基本功能介绍

网络摄像机，也称IP摄像机，英文名称为IP Camera，简称IPC，是一种结合传统摄像机与网络技术所产生的新一代摄像机，近几年得益于网络带宽、芯片技术、算法技术、存储技术的进步而得到大力发展。IPC在模拟摄像机基础上加上音/视频编码压缩功能，并且通过网口将压缩后的数据发送到网络上。网络上的用户可以直接用浏览器观看IPC发送过来的图像，还可以远程控制摄像机云台镜头的动作或对系统配置进行操作。IPC是集图像采集、数字化、图像压缩、IP传输于一体的前端模块，通过IP网络视频可以全数字传输，真正做到了IP化。IPC广泛应用于教育、商业、医疗、公共事业等安防、监控领域。

目前宇视主要有枪式IPC、筒形IPC、半球形IPC、球形IPC等百余款IPC产品。这些产品支持多像素规格，同时能够实现丰富的业务功能，满足客户多样的使用需求。

4.1.1 IPC功能及业务配置

1. IPC功能

1）eMMC工业级存储

SD卡在插拔过程中易损伤，擦写寿命较短，造成维护成本相对较高。宇视IPC内嵌长寿命、稳定性高的嵌入式多媒体控制器（Embedded Multi Media Card，eMMC）存储单元替代SD卡进行录像的存储，避免了机械插拔过程。内置eMMC存储单元的IPC稳定性高、读写速度快。

2）超星光

夜晚是案件高频发生的时间段。普通摄像机在黑夜环境下无法清晰成像。红外补光技术虽然能在低照度下清晰成像，但只能形成黑白图像，从而丢失重要的色彩信息。

宇视的超星光系列摄像机通过扩大传感器（Sensor）的感光性，提升镜头进光量，从而使夜间犹如白昼，整夜呈现全彩画面。而普通IPC在夜间光线低于0.001 lx时，自动切换成红外补光，图像变成黑白的，只有强制彩色时才可以呈现彩色画面。宇视的超星光系列摄像机夜间拍摄效果表现优异，可清晰还原现场环境，提升各种物体的细节辨识度，更好满足用户24小时监控需要。同时，宇视的所有超星光系列摄像机均具有定时抓拍、隔时抓拍、各类报警触发抓拍，及时记录辨认度高的清晰彩色画面，为刑侦排查等工作提供有力帮助，目前已广泛应用于小区、楼道、公园、店铺等诸多行业监控场景。

3）高仰角设计

普通球机的垂直视角一般取正数（0°～90°），因此在监控较高楼层和斜坡路面时，可能造成有效视野的大幅损失。宇视球机支持 15°的仰角（即镜头可以向上抬起），能够应对上述场景的监控需求。高仰角镜头带来更高的监控视野，可以节省部署摄像机的数量。其监视效果如图 4-1 所示。

图 4-1　高仰角镜头监视效果

4）供电适应性

普遍来看，业界很多摄像机供电方式单一，没有提供多样供电选择，导致工程布线复杂。宇视 IPC 支持 DC/AC/POE 供电。如图 4-2 所示，半球形 IPC 在 POE 供电时，支持 DC 12 V 输出，可就近为报警设备、拾音器供电。另外，IPC 支持±25%宽压保护，确保设备不受电压波动的影响。多种供电方式、电源返送使得工程实施更加灵活，而宽压特性则确保了设备能够长期稳定运行。

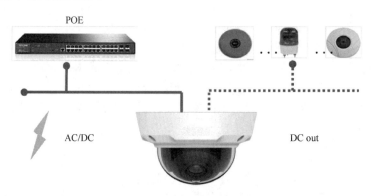

图 4-2　多种供电接线示意图

5）宽动态

某些特殊监控场景下图像亮暗对比非常大，拍出的图像容易造成亮区过曝、暗区过暗等现象。宇视 IPC 支持 120 dB 宽动态，采用先进图像传感器，在图像采集端利用多帧曝光技术，分别获取图像亮区、暗区特征，再结合图像处理器的处理，获得最佳高品质图像。开启 IPC 宽动态模式后，在明暗差距大的环境中能够正常看清楚物体，提高监控识别度。宽动态设置前、后效果如图 4-3 和图 4-4 所示。

图 4-3　宽动态设置前效果　　　　　　　　图 4-4　宽动态设置后效果

6）鱼眼矫正

鱼眼摄像机普遍存在画面畸变严重的问题。宇视鱼眼 IPC 采用专利技术，对畸变的图像进行还原、裁剪，并整理成合适格式图像。当宇视鱼眼 IPC 畸变矫正图像后，可以还原图像真实的面貌，实现无死角监控的同时突出画面细节，如图 4-5 所示。

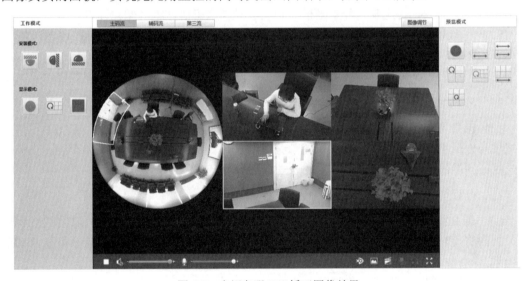

图 4-5　宇视鱼眼 IPC 矫正图像效果

7）自适应红外补光

由于普通红外补光强度是固定的，所以当监控区域内物体靠近时容易造成过曝现象。自适应红外补光属于光学 SmartIR，可以根据画面亮度分析，实时调整补光强度。自适应红外补光能随着目标距离进行随动调节补光，以达到最佳效果。

8）缓存补录

当设备被集中管理并开启录像备份功能时，前端缓存的存储卡能够作为中心服务器存储的备份。当监控系统的网络不稳定导致 IPC 和中心服务器之间的存储中断时，前端 IPC 可自动启动前端缓存，将视频数据存储到前端缓存的存储卡上。当 IPC 与备份服务器之间通信正常时，系统将自动把前端缓存的存储卡上的录像发送至该服务器上，实现补录。

9）超级 H.265

传统图像编码压缩率低。H.265 是 H.264 之后所制定的新视频编码标准，对一些相关的技术加以改进。它提高了编码效率，同分辨率下的平均码流大幅降低。不同图像编码格式压缩率对比见表 4-1。

表 4-1　不同图像编码格式压缩率对比

分　辨　率	H.264 压缩率	H.265 压缩率	超级 H.265 压缩率
2×10^6 px	4 Mbps 42.2 GB/天	2 Mbps 21.1GB/天	1 Mbps 10.5 GB/天
4×10^6 px	6 Mbps 63.3 GB/天	3 Mbps 31.6 GB/天	1.5 Mbps 15.8 GB/天

超级 H.265 主要原理是将一幅画面中的静态和动态画面通过智能分析技术分离开来，建立背景模型并提取动态目标，采用不同编码格式编码、整合；针对未变化的环境，减少重复编码，从而实现编码效率的提高，节省了存储空间。

（1）超级 H.265 智能编码分基础模式和高级模式，可根据组网配置开启。

（2）基础模式支持各类组网（VM/VMS/NVR/第三方），支持各类协议（UNIVIEW/ONVIF/GB）。

（3）超级 H.265 采用自研技术，配套宇视产品、宇视协议，具备高压缩效果。

10）区域增强

在有限带宽条件下，无法使得图像的各个部分都足够清晰。区域增强（ROI）可以将带宽优先分配给图像中信息更为重要的部分。用户可根据自身的关注点（如车牌、人脸）优先保证图像的质量，实现码率资源的合理分配。

11）走廊模式

IPC 画面正常的显示比例为 16：9。在走廊、过道等狭长场景时，可以将摄像机侧装，画面将旋转 90°变成 9：16，从而使纵向监控范围加大，更适用于走廊灯狭长的监控场景。

在图像设置中，当图像镜像选择为正常时，画面比例为 16：9，如图 4-6 所示，画面中走廊两侧的墙壁都是冗余信息。当图像镜像选择为：向右（或向左）90°时，画面比例为 9：16，如图 4-7 所示，走廊狭长的纵向监控范围加大，两侧墙壁等无用信息减少，有效提高监控利用率。

12）前端智能

传统的人工预警效率低下，宇视 IPC 广泛支持前端智能分析，可以提供人脸检测、客流统计、越界检测、场景变更、自动跟踪等多种音/视频的增值业务。

目前前端智能包含越界检测、区域入侵、进入/离开区域、徘徊检测、人员聚集、快速移动、停车检测、物品遗留/搬移、虚焦检测、场景变更、人脸检测、客流量、自动跟踪。前端智能业务的主要模式是在前端配置泛智能相关参数和计划，当触发规则时，会产生类似运动检测报警的报文发送给平台，在平台侧产生报警，或者通过其他联动方式触发相应联动动作。大多数泛智能功能是基于画面亮度差异来进行工作的，所以场景中影响画面亮度的因素会对前端智能造成干扰，如阴影、强光、反光、宽动态、噪点等。

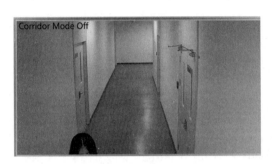

<table>
<tr><td>图 4-6　16：9 普通模式</td><td>图 4-7　9：16 走廊模式</td></tr>
</table>

13）网络安全

视频监控进入 IP 时代，给整个安防行业带来新的活力。IP 高清监控给用户带来实在的应用优势同时，也面临着网络安全的考验。宇视应用多方面安全技术，采用更加多样化的口令保护、安全传输、身份认证等技术手段，支持 Web 弱密码校验、错误登录抑制、HTTPS 安全加密访问、RTSP 认证访问等多种机制，保障网络安全，保护用户数据安全，提供最高等级网络防护，有效拒绝黑客非法获得视频信息、篡改配置信息，保障 IP 网络视频监控网络信息的安全性。

2．IPC 业务配置

1）网络配置

网络配置主要涉及以下选项的设置。

（1）网口配置：修改设备的 IP 地址等通信参数，以便能与外部其他设备正常通信。

（2）端口设置：常用的业务端口地址，可以根据实际的组网需要进行修改。HTTP 端口地址默认为 80，设备的 HTTP 端口地址与 ONVIF 服务端口地址实现了合一化。默认情况下，设备未修改 HTTP 端口地址时，ONVIF 服务端口可同时兼容 80/81 端口。设备修改 HTTP 端口地址后，Web 页面登录时需要输入 IP+端口地址。例如，端口地址修改为 8080，登录设备需要输入 http://xxx.xxx.xxx.xxx:8080/，ONVIF 服务端口对应的地址为 8080/81。

（3）端口映射：从广域网访问局域网设备时，需要启用端口映射。

（4）DNS：全称是 Domain Name System，是互联网的一项服务。它作为将域名和 IP 地址相互映射的一个分布式数据库，能够使人更方便地访问互联网。

（5）UNP：全称是 Universal Network Passport，即万能网络护照，是一项宇视拥有完整知识产权的独创技术，用于监控系统中公私网的 NAT 穿越。UNP 方案通过在终端与监控服务器之间、上下级域监控服务器之间建立一条应用层通道，极大地减少网闸厂家的二次开发工作量。

（6）宇视云：摄像机可以直接注册到宇视云上，通过手机客户端观看实况，实现远程手机监控。

（7）DDNS：动态域名服务，用来将动态的 IP 地址绑定到固定的域名上，通过固定的域名地址访问原本不断变化的 IP 地址。

通过 EZDDNS 服务器实现在客户端使用域名添加设备。因此，用户可以避免记忆设备的公网 IP 地址及其映射后的外部端口，仅用一个固定的域名就可以对应到其动态/静态 IP 及端口。

（8）SNMP：简单网络管理协议。当摄像机需要与中心服务器进行特定配置信息的传输时，建议使用 SNMPv3 服务实现（需要摄像机和中心服务器同时支持 SNMPv3）。

（9）电子邮件：设置电子邮件参数后，当有报警发生时，可以将相应信息发送给指定电子邮箱。

（10）802.1x 协议：是基于 Client/Server 的访问控制和认证协议，用于设备接入网络时的认证。在安全要求较高的场合，IPC 作为网络设备，接入用户网络时，需要进行接入认证，只有认证通过的设备，才能接入网络，进行常规通信。

（11）QoS：全称是 Quality of Service（服务质量），指一个网络能够利用各种基础技术，为指定的网络通信提供更好的服务能力，是网络的一种安全机制，是用来解决网络延迟和阻塞等问题的一种技术。当网络过载或拥塞时，QoS 能确保重要业务不被延迟或丢弃，同时保证网络高效运行。

IPC 网口设置如图 4-8 所示。

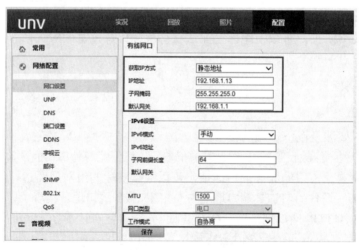

图 4-8　IPC 网口设置

- 获取 IP 方式：宇视 IPC 支持静态地址、PPPoE、DHCP 三种方式，默认为 DHCP。如果所在网络支持 DHCP，则可直接获取 IP 地址；如果局域网已经有了网络规划，则设置相应的静态地址即可。配置好摄像机的本地 IP 地址后，确认是否与组网的设备连通。

- IPv6 设置：摄像机网络设置中支持 IPv6 地址配置项。摄像机设置好 IPv6 地址后，通过 IPv6 地址登录网络，软件内部将 IPv6 地址转换为 IPv4 地址后进入摄像机的登录界面。

- 网口类型：根据不同的款型可支持电口、SFP、EPON 口应用。
- 工作模式：出厂默认为自协商，在自协商不成功的情况，会强制切换。

2）视频配置

IPC 视频配置主要涉及以下选项的设置，如图 4-9 所示。

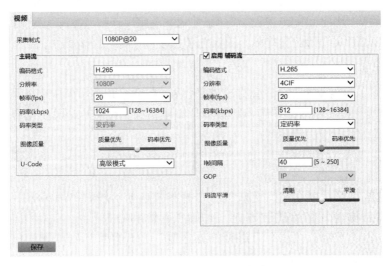

图 4-9 IPC 视频配置界面

（1）视频配置：可以设置图像采集制式、各码流的编码参数配置。

采集制式是指不同分辨率的 IPC 采集制式支持的大小不一样，如摄像机支持 1080P 20 帧。

各编码参数的含义如下。

- 码率类型：定码率（CBR）即设备将以恒定的码率发送数据；变码率（VBR）即设备将根据图像质量动态地调整码率。
- 帧率：图像编码帧率，单位为 fps（帧/秒），当需要设置快门时间时，为保证图像质量，帧率值不能大于快门时间的倒数。
- 码率：根据需求设置码率，当码率类型为 VBR 时，此参数是指最大码率。
- 图像质量：当码率类型为 VBR 时，可设置编码图像的质量。1 级最好，9 级最差。
- 帧间隔：建议与帧率的设置值保持一致。
- 码流平滑：码流平滑的级别。"清晰"表示不启用码流平滑，数值越接近"平滑"表示码流平滑的级别越高，但会影响图像的清晰度，网络环境较差时，启用码流平滑可以让图像更流畅。
- U-Code（超级 265）：基础模式码率为设置码率的 3/4，高级模式码率为设置码率的 1/2。U-Code 模式下，Web 编码格式设置仅支持 H.264 和 H.265，不支持 MJPEG。

（2）抓图配置：支持定时抓图和周期抓图两种模式，当设置为定时模式，用户可根据自身的需求设定抓图时间点。当设定为周期模式时，可进一步设置间隔（秒），抓图间隔：设置抓图间隔，如抓图间隔设置为 1 秒，抓图数量设置为 2，表示 IPC 共抓取两张图，抓取每张图之间的时间间隔为 1 秒；抓图数量：目前抓图数量支持设置为 1 张、2 张、3 张图。

（3）音频配置：设置音频编码参数信息，当接入麦克风时，音频输入选择开。音频编码格式主要支持 G.711U、G.711A 和 AAC-LC。

（4）区域增强：默认不启用，网络环境较差导致实况清晰度不佳时，可启用区域增强功能提升某个区域内画面的清晰度。

（5）媒体流管理：实时显示当前摄像机已发出的媒体流信息，码流的类型如主码流或辅码流、媒体流的 IP 地址及端口、媒体流传输协议、重启后该路媒体流是否保留等，当不需要此路媒体流时可以手动删除。目前单台摄像机最大可同时发出 20 路媒体流。

3）云台配置

（1）预置位：指事先设置好的监控目标区域。在实况界面右下角选择预置位再单击添加按钮，进行预置位的添加，正确填写预置位编号和预置位名称，单击【提交】按钮，即可将摄像机当前的位置设为预置位。

（2）巡航：指云台摄像机转动的路线，常见的有三种巡航方式，即普通巡航、录制巡航、预置位巡航。

- 普通巡航：即扫描巡航，巡航类型选择扫描巡航。设置路线编号、路线名称，设置速度、梯度、初始巡航方向、起始预置位和结束预置位。完成扫描巡航设置后，单击【开始】按钮即可进行扫描巡航。当云台从起始预置位扫描到结束预置位后会重新回到起始预置位进行扫描。
- 录制巡航：开始录制巡航，可以转动云台的方向、调整镜头的变倍等。系统会记录每个运动轨迹参数，并且自动添加到动作列表中。
- 预置位巡航：其配置步骤与普通巡航相同，只是将动作类型选择转到预置位（前提需先添加预置位）。

（3）云台守望：如果云台在设定的时间范围内没有任何动作，则自动回到预置位。

4）图像设置参数

不同的图像设置参数会呈现不同的图像效果，IPC 的应用环境是多种多样的，默认的图像设置参数仅能满足大部分的使用场景，为了在不同的环境下让 IPC 图像效果达到最佳就需要对图像参数进行设置，主要包括图像调节、OSD 等参数的设置。

图像调节主要包括：场景设置、图像增强、曝光参数、智能补光、白平衡参数和其他特殊功能参数。

（1）场景设置：不同色温环境下可能需要不同的图像参数，此时只需要在场景模式中选择合适的默认场景即可；设备预置了几种场景模式，选择某个场景模式时，图像参数会自动切换到该模式对应的参数（也可以根据实际需要调整图像参数）。

- 通用：适合室外场景。
- 室内：适合室内场景。
- 高感光：适合极低照度的场景。
- 强光抑制：能抑制强光，包括道路强光抑制和园区强光抑制，获取清晰图像，适合道路上抑制车灯抓取车牌的场景。
- 宽动态：适合明暗反差较大的场景，如窗户、走廊、大门等室外光线强烈室内光线暗淡的场景。

- 自定义：自定义场景名称。
- 客观：默认图像风格。
- 艳丽：在"标准"模式基础上提升饱和度。
- 明亮：在"标准"模式基础上提升画面亮度。
- 星光：在低照度的场景下，提升画面的亮度。
- 人脸：适用于在复杂的环境中抓拍运动中的人脸。

（2）图像增强：主要设置图像的亮度、对比度、饱和度、锐度、图像镜像、2D 降噪、3D 降噪等参数，不同产品型号支持的图像设置参数及取值范围可能会有所不同，以实际 Web 界面显示为准。

- 亮度：图像的明亮程度，默认值为 128，可在 0～255 调节，通过调节亮度值来提高或降低画面整体亮度，当曝光模式设置为自动曝光时，设备自动调节快门和增益来获取最优的曝光值，此时画面亮度同时受曝光值和亮度值影响；当曝光模式设置为手动曝光时，画面曝光值固定，此时只能通过亮度值调节画面亮度；亮度值的调节不会出现使得图像全黑或全白的情形，在一定的范围内调节图像画面亮度。
- 对比度：图像中黑与白的比值，也就是从黑到白的渐变层次，默认值为 128，可在 0～255 调节。
- 饱和度：图像中色彩的鲜艳程度，默认值为 128，可在 0～255 调节。
- 锐度：图像边缘的对比度，默认值为 128，可在 0～255 调节。
- 图像镜像：图像不同方向的翻转，如垂直、水平、水平+垂直等。
- 2D 降噪：对图像去噪处理，会导致画面细节模糊化，默认值为 128，可在 0～255 调节。
- 3D 降噪：对图像去噪处理，会导致画面中的运动物体有拖影，默认值为 128，可在 0～255 调节。

（3）曝光参数：影响图像效果的重要因素，宇视 IPC 关于曝光参数的调节项如下。

- 光模式：默认自动曝光，选择不同模式，以达到所需的曝光效果。
- 快门时间：快门是设备镜头前阻挡光线进来的装置。快门时间短，适合运动中的场景；快门时间长，适合变化较慢的场景，在其他参数不变的情况下，调节快门值也可达到调节进光量，改变亮度的目的。
- 光圈：当曝光模式为手动曝光或光圈优先时，可手动调节光圈大小，如果使用手动光圈镜头，也可通过手动调节镜头光圈大小，改变进光量来调节画面亮度。除调整亮度外，要注意光圈还有一个非常重要的作用：光圈打开得越大，景深越小，聚焦清晰点越近。
- 增益：控制图像信号，使其在不同的光照环境中能输出标准视频信号，增益在 0～36 调节，值越大，亮度越高，但随之而来的一个缺陷就是噪点也会越明显，因此增益需要适当设置。是否能设置该增益值取决于选择的曝光模式，某些产品型号还可设置最小和最大增益值。
- 慢快门：能够在低光照环境中提升图像亮度，当曝光模式不是光圈优先、增益优先时，此项才可设置。

- 最慢快门：曝光时所能使用的最慢快门值。
- 曝光补偿：调整曝光量，以得到所需的图像效果，当曝光模式不是手动曝光时，才可设置。
- 测光控制：设备的测光方式，设备提供 3 种测光方式：中央权重、区域测光、强光抑制，默认配置为中央权重测光控制，针对特别的应用场景可能需要修改对应的测光方式。中央权重即全画面测光，但在测光时画面中央相对其他区域占更大权重；区域测光即对用户自定义的部分区域进行测光。
- 昼夜模式：昼夜模式包含自动、黑白、彩色 3 个选项。自动即设备可根据光照环境的变化输出最佳图像，可在黑白模式和彩色模式之间切换；黑白即设备利用当前光照环境提供高质量黑白图像；彩色即设备利用当前光照环境提供高质量彩色图像。
- 昼夜模式灵敏度：设备在彩色和黑白模式之间切换时对应的光照阈值。灵敏度越高，表示设备更容易在彩色和黑白之间切换。
- 宽动态：开启后，便于同时看清图像上亮与暗的区域。
- 宽动态级别：开启宽动态后，可调整此参数，改善图像质量。

（4）智能补光：补光开关默认启用，补光控制默认为手动，补光控制可选手动、手动-强制开启；手动模式下，摄像机在夜晚开启补光灯、白天关闭补光灯；手动-强制开启模式下，全天开启补光灯。

（5）白平衡参数：白平衡就是针对不同色温条件下，通过调整摄像机内部的色彩电路使拍摄出来的影像抵消偏色，更接近人眼的视觉习惯。

（6）高级：透雾、畸变矫正功能。

（7）宽动态技术：宽动态技术是同一时间曝光两次，一次快一次慢，再对两次曝光的图片进行合成，使得能够同时看清画面上亮与暗的物体。曝光快的那一次保证明亮处曝光正常，而曝光慢的那一次保证暗处曝光正常。从某个角度来说，宽动态技术其实就是背光补偿的一个升级版。

- 开启：强制开启对应的宽动态等级；等级 1～3 对应数字宽动态，等级 4～9 对应光学宽动态。
- 自动：根据当前亮度、方差、高亮区快数、快门、增益等信息，决定是开启，还是关闭。
- 宽动态级别：暗区亮区动态范围越大，需要的等级越高，当前后景亮度差距不大时，建议关闭宽动态或使用 1～6 级，可以获得较好的色彩；当前后景亮度差距较大时，建议使用 7 级以上。
- 宽动态灵敏度：当宽动态设置为自动后，可调整此参数，改变宽动态的切换灵敏度。
- 宽动态条纹抑制：该功能开启后，设备会自动调节慢快门的频率与光线频率相同，消除图像中的条纹效应。

5）OSD 配置

OSD 是指与视频图像同时叠加显示在图像上的字符信息。目前 OSD 共计可以添加 8 个区域。分别可以叠加日期和时间、时间、日期、变倍、网口 OSD，也可以自定义配置显示内容。OSD 叠加位置可以在左边的实况中根据需要直接进行拖动。OSD 设置界面如图 4-10 所示。

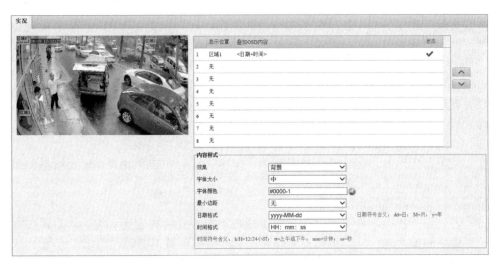

图 4-10　OSD 设置界面

显示位置：可在预览画面中先单击对应区域的方框，鼠标指针变成可移动的状态图标后，按住鼠标左键拖动即可。

（1）叠加 OSD 内容：可以选已有的时间、预置位、方位信息等，也可以自定义。

（2）内容样式：OSD 的效果、字体大小、字体颜色、最小边距、日期格式等信息可以根据实际需要进行配置。

6）智能监控

智能监控包括周界布防、异常检测和统计、目标检测、客流量统计，不同设备支持的功能有所差别。智能监控设置界面如图 4-11 所示。

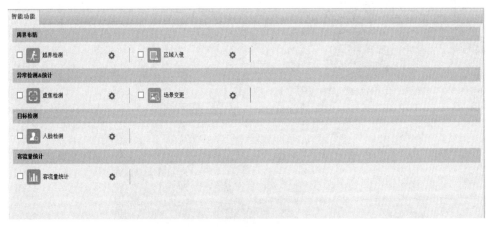

图 4-11　智能监控设置界面

注意：

自动跟踪、客流量统计、人脸检测功能独立存在；其他业务可以共存，规则总数量不大于 8。

涉及人脸识别的应用，工勘占了相当大的比例，很大程度上环境因素是造成人脸识别出现错误的罪魁祸首。

工勘时，要求摄像机尽量正对着人脸，要求如下。

（1）安装高度：推荐高度为 2.5～3 m。

（2）安装位置：安装在人脸的正前方，左右偏转≤30°，向下偏转≤15°。

（3）摄像机俯视角度：俯视角度推荐 10°左右。

（4）人脸像素：大于 120 px。

在人脸项目工勘时，尽量避免场景过大、照度过低、安装角度大且画面倾斜、强逆光（宽动态）、人脸运动轨迹不正的场景。

常见人脸识别的规避方法如下。

（1）若是由于现场条件等因素而导致摄像机不得不安装在逆光环境中，需要在背后增加帘子遮挡强烈的背光，目前工勘要求人脸前后的光照倍数不能超过两倍。

（2）场景中，地面反光导致镜头画面人脸黑，可以在反光的地面处增加屏风或易拉宝之类的遮挡物来遮挡反光。

（3）现场照度太低的话，需要按照补光指导书增加补光灯以对现场人脸光照做补充。人脸照度目前最低要求为 100 lx。

在监控场景中预先设定监测区域，当有人员进入或离开该监测区域后进行人员进出情况数据记录。对于封闭场所，可以通过几个出入口的流量得到该场所的保有量，适用于商场、连锁店、展会、博物馆、酒店等室内环境的出入口。客流量统计参数设置界面如图 4-12 所示。

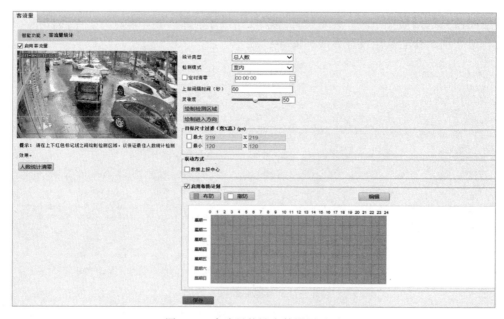

图 4-12　客流量统计参数设置界面

客流量统计设置说明如下。

（1）绘制检测区域和进入方向：在左侧实况界面中绘制检测区域，如方形。进入方向一般为垂直或斜方向，主要用于区分进入和离开。

（2）统计类型：总人数、进入人数、离开人数。

（3）检测模式：室内、室外；室外和室内主要区别是算法分类器不一样，建议室内使用模式就选室内。

（4）定时清零：设置时间定时清零 OSD 数值。

（5）上报间隔时间：设备上报报警的时间间隔。

（6）灵敏度：表示多个靠在一起的目标的区分能力，灵敏度越高，越容易识别为多目标。

（7）目标尺寸过滤：相同目标情况下，目标尺寸过滤（宽×高）区间设置越大，误报率越高，设置区间越小，漏检率会越高，因此在设置该参数时明确需要检测目标的人头尺寸。

客流量统计安装要求如下。

（1）安装位置：摄像机是顶装模式，且要安装于行人行走方向的正前方，参考安装示意图；选择光照相对稳定的区域，避免开关门的光照变化对智能判断造成影响。

（2）摄像机俯视角度：70°～80°。

（3）枪机距离抓拍点的水平距离：与摄像机的安装高度和俯视角度相关。

（4）镜头选择：建议镜头焦段不小于 4 mm，容易引入畸变；也不要用太长焦的镜头，覆盖范围会缩小。

（5）人肩像素：人肩像素为 120～160 px 检测效果最佳，安装时尽量调整摄像机高度与镜头焦距，使画面中的人肩像素达到要求。

客流量统计推荐使用场景如下。

推荐应用在出入口、光照充足、运行轨迹固定、单人经过、摄像机架设角度高度合理、人头像素满足要求的场景。

（1）场景选择：流量统计业务推荐应用在商场、超市、公园、电梯等场所的出入口位置（室内），不建议应用在马路、广场等开放式宽广场所。

（2）光照：如果监控区域没有补光，则建议在监控区域的正上方每隔 1 m 安装一个 50 W 的日光灯进行补光。

（3）监控范围：有效监控宽度为 1～4 m，整个监控场景的实际宽度可以大于该范围。

（4）遮挡：人戴帽子、人头被雨伞等其他物体遮挡，影响行人的检出。

（5）摄像机的安装角度：推荐安装高度 3m、俯视角度 75°、人肩像素 130 px。

7）普通报警

普通报警主要包括以下五种功能。

（1）运动检测：用来检测一段时间区域内是否有物体运动，触发报警。

（2）声音检测：对输入 IPC 的音频进行异常音量检测，当音量变化幅度超过一定数值或音量本身已超过一定阈值时，IPC 将报警并触发相应的联动。

（3）遮挡检测：当摄像机的镜头被遮挡时，发出相应的报警，以提醒用户注意。

（4）报警输入：接收外接第三方设备的报警信息，实现报警联动。

（5）报警输出：外接第三方报警设备，能输出给第三方设备报警信息，实现报警。

运动检测是用来检测一段时间内一个矩形区域中是否有物体运动，可以通过设置检测区域的矩形框，设置其有效的区域位置和范围，以及检测的灵敏度、物体大小和持续时长，以便判断是否上报运动检测报警。

灵敏度越大，表示级别越高（区域内的微小变化也能被检测到）。当区域内的变化幅度超过物体大小，并且变化时长超过持续时长时，才会上报报警。

物体大小是按照运动物体占整个检测框的比例来判断是否产生报警的。如果想检测微小物体运动，则建议根据现场实际运动区域单独画一个小的检测框。

当前区域的实时运动检测结果都能在界面中显示，红色的线条表示会上报运动检测报警，线条越长表示运动物体运动量越大，线条越密集表示运动频率越大。

配置步骤如下。

（1）配置检测区域，通过鼠标左键拖动该区域的矩形框，设置其有效区域位置和范围。

（2）设置检测的灵敏度、物体大小和持续时长，以便判断是否上报运动检测报警。

（3）设置报警参数、报警抑制和报警恢复。

（4）设置报警联动方式，常用联动方式有开关量输出、云台到预置位、上传 FTP、邮件联动、存储联动。

（5）设置布防计划。

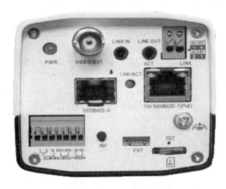

图 4-13　IPC 报警接口

报警接口是对于支持报警输入和输出接口的 IPC，输入接口可以通过外接报警设备，接收第三方报警（如声控开关），实现报警联动；输出接口可以通过接第三报警设备（警铃），通过配置报警联动，IPC 能输出给第三方设备报警信息，实现报警。IPC 报警接口如图 4-13 所示。

报警输入接口应用中接入开关量设备，接入设备有两个基本要求：无源开关和小于 5 V 的低压电源开关。

报警输出接口应用中接入开关量设备，接入的设备一般需要外接电源，IPC 报警输出接口有以下两种实现方式。

（1）继电器方案：外接的设备直流电压小于 DC 30 V、电流不超过 1 A；交流电压不超过 AC 125 V、电流不超过 0.3 A。

（2）三极管方案：外接的设备电压小于 5 V，电流小于 10 mA。

IPC 可以接收第三方设备的报警信息，需要配置外部报警输入的接口、报警名称、报警输入为常开或常闭状态和报警布防时间。配置如下。

（1）基本配置：报警选择、报警名称、报警 ID、常开或常闭状态、启用报警输入。

（2）选择报警联动方式。

（3）启用布防计划。

报警输出控制，当摄像机发生运动检测报警、开关量报警并进行联动的报警输出时，设置开关量输出为常开或常闭后，摄像机能正常输出给第三方设备报警信息，报警持续时间可设置。

配置步骤如下。

（1）基本配置：报警选择、报警名称、常开或常闭状态、报警延续时间。

（2）启用输出计划。

8）存储

前端存储能够将视频数据、照片等直接存储到设备自身的存储卡中，适用于独立运行。部分款型 IPC 支持 SD 卡或本身支持 eMMC 存储，可以实现录像文件在 IPC 上存储，同时支持计划存储和缓存补录功能。SD 卡首次使用时建议做格式化操作，格式化后显示剩余可用容量，视频存储参数如下。

（1）存储策略：手动存储和计划存储可选，不需要使用该功能时可以选择关闭。

（2）存储码流：选择需要存储的码流类型，如主码流、辅码流。

（3）存储策略：当 SD 卡或 eMMC 存储介质满后，可以选择满即停或满覆盖的策略。

前端缓存是设备被集中管理并开启录像备份功能时，其存储卡能够作为中心服务器存储的备份。当监控系统的网络不稳定导致 IPC 和中心存储之间的存储中断时，前端 IPC 可自动启动前端缓存，将视频数据存储到存储卡上。当 IPC 与备份服务器之间通信正常时，系统将自动把缓存录像以文件的形式发送至该服务器上，实现缓存补录。基本配置步骤如下。

（1）关闭前端存储。

（2）设置备份服务器。

（3）设置断网缓存。

9）安全配置

安全配置主要包括对用户、网络安全、注册信息和视频水印的设置。

（1）用户：支持增删用户，修改密码，只有授权的用户才可以访问，防止非法用户查看视频，保证数据安全。

（2）网络安全：支持多种安全机制，保障网络安全，保护用户数据安全，提供最高等级网络防护。

① HTTPS：是以安全为目标的 HTTP 通道，简单讲是 HTTP 的安全版。即 HTTP 下加入 SSL 层，HTTPS 的安全基础是 SSL，因此加密的详细内容就需要 SSL，启用后登录更安全。

② RTSP 认证：RTSP（Real Time Streaming Protocol）是应用层协议。若想要传输并控制音频和视频，可在 Web 界面设置 RTSP 认证，该功能开启后，对接第三方需要进行用户名及密码的验证。认证方式选择无时，即关闭 RTSP 认证。

③ 静态 ARP 绑定：保护 IPC 不受 ARP 欺骗攻击。IPC 跨网段（途径网关）访问其他 IP 时，在本网段内，只与网关 IP 绑定的 MAC 地址进行通信。进入设置界面，配置网关地址和 MAC 地址即可。

④ IP 地址过滤：通过 IP 地址过滤，可以允许或禁止指定的 IP 地址访问设备。

⑤ 访问策略：开启友好密码和 MAC 地址校验。开启友好密码，则对用户使用并无影响；关闭友好密码，则在弱密码登录进入后，强制弹出密码修改页面，此页面无取消和关闭按钮。默认密码当作弱密码处理。

（3）注册信息：当 IPC 被管理平台或 NVR 管理时，IPC 会上报制造商信息，如宇视厂商信息：uniview。若不需要在管理平台显示 IPC 制造商信息，可在 Web 界面设置 IPC 不提供制造商信息。进入注册信息设置界面，启用不提供制造商信息功能。

（4）视频水印：通过增加视频水印提高视频文件的安全性，防止视频文件被篡改，在摄像机界面启用后设置水印内容即可，录像问题可以使用 EZPlayer 进行水印检测。

用户分为管理员（最多 1 个）和普通用户（最多 32 个），管理员默认为 admin（管理员名称不可修改），拥有设备和用户的所有管理和操作权限，一般用户仅拥有设备的实况播放和回放权限。

管理员可在 IPC 用户管理界面添加用户，添加用户后，可修改用户密码，如图 4-14 所示。

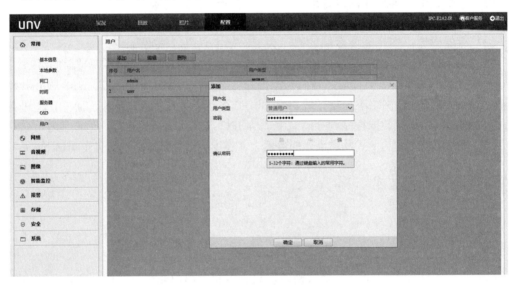

图 4-14　IPC 用户管理界面

10）系统

系统主要是对时间、服务器和维护三个方面的设置。

首先介绍时间同步设置方式。

（1）同步系统配置时间：时间来自界面时间配置或同步计算机时间。

（2）同步 NTP 服务器时间：如果连接了能同步时间的 NTP 服务器，则时间只能是 NTP 服务器时间；如果没有连接 NTP 服务器，则时间不能被同步。选择后出现 NTP 服务器地址和同步时间间隔配置栏。

（3）同步管理服务器时间（非 ONVIF 接入）：摄像机以非 ONVIF 协议（GB、IMOS）注册管理服务器，则摄像机时间被管理服务器同步；没有连接管理服务器，则时间不能被同步，为系统时间。

（4）同步管理服务器时间（ONVIF 接入）：摄像机以 ONVIF 协议注册管理服务器，则时间只能被 ONVIF 协议所在管理服务器同步；如果没有以 ONVIF 协议注册管理服务器，则时间不能被同步。

（5）同步所有服务器时间：时间同步方式和原来的一样，所有时间源的时间都可以设置为摄像机的时间。所有时间服务器都会修正本地时间，使用时建议单一管理服务器或所有服务器使用相同时间，否则可能造成时间错位。

下面介绍服务器设置。

（1）管理服务器：视频业务对接需配置管理服务器。管理服务器支持 IMOS、GB、其他协议。管理服务器配置界面如图 4-15 所示。

图 4-15　管理服务器配置界面

① 设备 ID：注册到服务器时需保持设备 ID 对应一致且具有唯一性。

② 管理协议：无/私有协议（IMOS）/GB。

③ 服务器地址：对应服务器 IP 地址。

④ 服务器端口：对应服务器端口，私有协议时默认为 5060，GB 协议默认为 5063。

（2）智能服务器：图片业务对接需配置智能服务器。智能服务器支持 FTP、视图库 GA/T 1400、UNV（长连接/短连接）。仅部分设备款型支持智能服务器设置，应以具体型号为准。

智能服务器配置界面如图 4-16 所示。

图 4-16　智能服务器配置界面

① 服务器地址：对应智能服务器 IP 地址。

② 服务器端口：对应智能服务器端口，不同协议有不同默认值。

③ 平台通信类型：该项决定图片上传方式。支持 GA/T1400、FTP、UNV 等不同的协议。

4.1.2 NVR 的功能及业务配置

网络视频录像机 NVR（Network Video Recorder,）是通过网络实现看、控、存等视频监控业务的管理设备，其核心价值在于视频中间件，通过视频中间件的方式对各厂商的设备进行兼容对接。通过 IP 网络接入前端音/视频采集设备和报警装置，实现监控图像浏览、录像、回放、摄像机控制和报警功能的监控主机设备。

NVR 的核心特点体现在 Network 上，即网络化特性。通过广泛兼容各厂商不同数字设备的编码格式，从而实现网络化带来的分布式架构、组件化接入的优势。

宇视 NVR 按盘位划分为单盘位、两盘位、四盘位、八盘位、十六盘位和二十四盘位，产品齐全，可选性广。NVR 主要应用在餐饮店、连锁店、学校及商场等典型场景。

1. NVR 的功能

NVR 的功能有多协议接入、实况、人机预览、云台、回放、存储、缓存补录、报警、$N+1$ 热备、U-Code、国标和智能。

1）多种协议接入

IPC 通道配置界面如图 4-17 所示，支持四种协议添加到 IPC，"GB28181"（中华人民共和国公安部发布的 GB/T 28181—2016）、"ONVIF"（Open Network Video Interface Forum，一个国际开放性网络视频产品标准网络接口协议）、"宇视"（宇视基于 ONVIF 开发的协议），以及"自定义"。

图 4-17 IPC 通道配置界面

2）实况

实况界面支持多样化分屏选择，呈现码流、分辨率、编码格式及丢包率信息，可进行抓拍、录像、数字放大等操作，NVR 端配置监视器预览界面如图 4-18 所示。

图 4-18 NVR 端配置监视器预览界面

它支持普通模式、走廊模式任意切换。使用走廊模式（9∶16），需要将摄像机向左/向右旋转 90°安装，配合 IPC 图像调节镜像旋转来实现。

3）人机预览

NVR 接显示器可进入人机界面，首次登录会有安全向导，可一键添加 IPC、自动预览图像、自动存储。若需调整图像位置，则使用鼠标左键直接拖曳即可，方便快捷，NVR 端配置通道界面如图 4-19 所示。

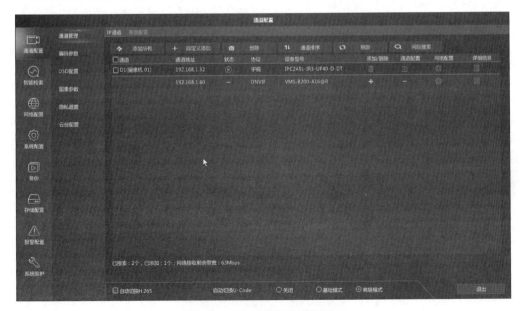

图 4-19 NVR 端配置通道界面

4）云台

云台控制主要包含六个方面的功能设置，云台控制界面如图 4-20 所示。

① 云台控制可以完成变倍、聚焦和光圈的调节。

② 云台控制可以完成各个方向转动。

③ 调节转速，同时可调节变倍、聚焦、光圈效果。

④ 照明开关、雨刷开关、加热开关、除雪模式开关，便于摄像机应对室内外各种恶劣的环境。

⑤ 预置位设置，可同时设置多个预置位，单击转到预置位，摄像机就会调整角度转到预置位，并变倍。

⑥ 巡航功能包括预置位巡航和轨迹巡航。

5）回放

回放主要有普通回放、标签回放、事件回放和智能回放四种模式。回放支持通道、日期任意切换选择；支持标签、事件等特殊标记；支持倍速、30s 进退、单帧进退等功能。

（1）普通回放：按通道和日期条件检索相应的录像文件并播放。

（2）标签回放：可以帮助用户记录某一时刻的录像信息，用户可以根据标签关键字进行搜索定位录像操作。

图 4-20　云台控制界面

（3）事件回放：按事件类型（报警输入、运动检测等）查询一个或多个通道在某个时间段的录像文件并播放。

（4）智能回放：指设备根据录像中是否存在智能行为，自动调整播放速度。如果该时刻存在智能搜索结果，则录像以正常速度回放；相反，对于无智能搜索结果的时间段，设备将以 16 倍速回放，提高回放效率。

6）存储

伴随 NVR 的大量应用，NVR 自身的存储空间已经远远不能满足人们对海量视频的存储需求，因此将存储功能从 NVR 中剥离出来，而使用更加专业的存储设备磁盘阵列。

7）缓存补录

缓存补录是指当监控系统的网络不稳定导致 IPC 和 NVR 之间的存储中断时，前端 IPC 可自动启动前端缓存，将视频数据存储到 SD 卡上。当 IPC 与 NVR 之间通信正常时，系统将自动把缓存录像以文件的形式发送至该服务器上，实现缓存补录。缓存补录应用模型如图 4-21 所示。

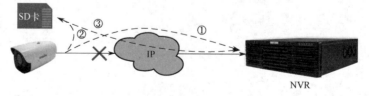

图 4-21　缓存补录应用模型

8）报警

支持多种报警输入和输出，如手动报警、音频检测、智能检测、声音报警、邮件报警、联动抓图、录像、联动报警输出、联动云台转动报警等。

联动功能更加强大：支持联动抓图、录像、邮件、上传 FTP、报警信号输出等。

9）*N*+1 热备

RAID 阵列无法解决网络断开导致的录像丢失问题，宇视的 *N*+1 热备方案可以避免录像丢失。

N+1 热备方案是多台主机加一台备机，任何一台主机故障或网络断开，所接入的 IPC 录像可自动存至备机；当主机恢复后，录像可回迁至主机，从而避免录像丢失。*N*+1 热备方案模型如图 4-22 所示。

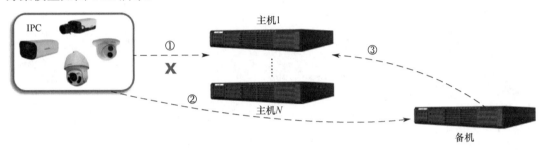

图 4-22 *N*+1 热备方案模型

> **注意：**
> 1 台备机可被 255 台主机管理；推荐在同型号之间使用，若跨设备则需满足备机路数高于主机路数。

10）U-Code

U-Code 是宇视自研的一种实现更高压缩比的编码技术，码率相较于正常的 H.264/H.265 大大降低。

主要原理：将一副画面中的静态画面和动态画面通过智能分析技术分离开来，建立背景模型并提取动态目标。采用不同的编码方式编码、整合；针对未变化的环境，减少重复编码，从而实现编码效率的提高，最终降低了码率，节省了存储空间。

U-Code 也叫超级 265，分为两种模式，即基础模式和高级模式，必须配合宇视分销或通用后端，并且需要用宇视协议接入。

H.264 和 H.265 码流和存储对比表见表 4-2。

表 4-2 H.264 和 H.265 码流和存储对比表

编码格式	H.264	H.265	U-Code 基础模式	U-Code 高级模式
1080P 码流	4 Mbps	2 Mbps	1.5 Mbps	1 Mbps
1080P 储存	42.2 GB/天	21.1 GB/天	15.75 GB/天	10.5 GB/天

11）国标

中华人民共和国公安部 2011 年发布了《安全防范视频监控联网系统信息传输、交换、控制技术要求》（GB/T 28181—2011）标准，2012 年 6 月开始实施，2016 年发布了 GB/T 28181—2016；宇视是起草单位之一。

编码规则分为编码规则 A 和编码规则 B，目前全国大部分局点采用的国标编码规则均为编码规则 A；编码规则 A 由中心编码（8 位）、行业编码（2 位）、类型编码（3 位）和序号（7 位）4 个码段共 20 位十进制数字构成。

编码规则 A 最重要的就是 11~13 位，代表设备类型，常见的有：200（平台服务器）、118（硬盘录像机）、131 与 132（网络摄像机）、215（业务分组）以及 216（虚拟分组）等。NVR 国际服务器设置界面如图 4-23 所示，NVR 本身的国标编码和端口配置图 4-24 所示。

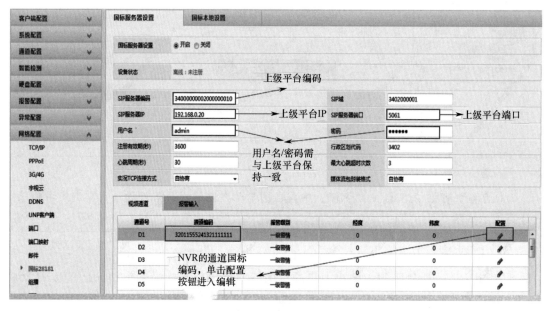

图 4-23　NVR 国际服务器设置界面

图 4-24　NVR 本身的国标编码和端口配置

> **说明:**
>
> 2011 年发布的国标协议（旧国标）是不支持采用 TCP 协议传输实况视频流的，所以在采用 TCP 协议传输实况视频流时，需要确保视频监控网络中的设备均支持 TCP 协议传输。

12）智能

智能主要包括泛智能和深度智能。

（1）泛智能：包含人脸检测、人数统计、越界检测、入侵检测、运动检测、声音检测、图像虚焦、遮挡检测、场景变更、定时抓拍和隔时抓拍。

（2）深度智能：包含人脸识别、周界。

2．NVR 业务配置

NVR 的常用配置有用户配置、时间配置、通道配置、智能检测、硬盘配置、报警配置、网络配置和智能配置。

1）用户配置

在用户配置中可以添加、删除用户和管理用户权限。

首次登录本地界面时，使用默认的用户名 admin 和密码 123456。为了保证安全，强烈建议用户将默认密码设置为强密码，包含大写字母、小写字母、数字和特殊字符 4 种中的 3 种或以上，并且长度不小于 8 位。用户配置界面如图 4-25 所示。

序号	用户名	用户类型
1	admin	管理员
2	default	保留用户
3	1234	操作员
4	beijing-test	普通用户
5	武汉办事处	普通用户
6	zhangshufeng	操作员

图 4-25　用户配置界面

2）时间配置

在时间配置中可以更改 NVR 的时区、日期格式、时间格式及系统时间设置。

选择时区和日期、时间格式，手动配置系统时间，也可以启用自动更新，并且配置 NTP 服务器地址、端口及更新间隔。

在实际应用中，一台摄像机可能被多台 NVR 管理，如果 NVR 同步摄像机时间可能会引入时间不一致问题，导致录像存储混乱。这时可以手动关闭时间同步功能。时间配置界面如图 4-26 所示。

3）通道配置

通道配置包含以下内容。

图 4-26　时间配置界面

（1）IPC 配置：添加、删除 IPC，实现对 IPC 的管理。

（2）视频参数：修改摄像机主辅码流、分辨率、编码格式等信息。

（3）OSD 配置：修改通道的名称和 OSD 叠加。

（4）图像参数：根据监控环境调节图像参数，以达到最佳监控效果。

（5）计划编辑：配置录像时间、事件触发录像及抓图等计划。

（6）运动检测：关键监控区域可布防报警，及时响应突发事件。

（7）视频丢失：配置计划检测视频通道录像是否丢失。

（8）图像遮挡：检测视频通道是否被非法遮盖，及时发现不法作为。

（9）抓图参数：可修改通道的抓图条件、分辨率、图像质量及抓图间隔时间。

4）智能检测

智能检测包含以下内容。

（1）人脸检测：检测图像，识别人脸。

（2）区域入侵：监控画线区域内人员入侵情况，检测到有入侵就联动报警。

（3）越界检测：绘制界线，检测从特定方向通过该线的人或物，监管特殊区域的通行。

（4）声音检测：监测声音的异常变化，联动报警。

（5）客流量：统计特定场景出入口人流量，统计数据可导出。

（6）虚焦检测：按计划检测画面是否虚焦，避免录像虚焦影响业务。

（7）场景变更：按计划检测场景，避免固定场景摄像机发生变动。

（8）智能运动跟踪：按计划检测，当画面内有物体移动时进行跟踪。

（9）物品遗留：按计划检测，当物品遗留超过一定时间产生报警。

（10）物品搬移：按计划检测，当物品被搬移后产生报警。

5）硬盘配置

可对硬盘进行管理，使用 RAID 或盘组进行规划，可将容量分配到各个通道使用。进行硬盘相关操作之前应确保已正确安装硬盘。仅 admin 用户可以对硬盘进行格式化或属性设置。

6）报警配置

报警配置包含以下内容。

（1）报警输入：制定报警输入接口状态，以及收到信号之后的联动。

（2）报警输出：制定报警输出状态、计划及输出持续时间。

（3）声音报警：制定手动触发报警时所需联动的功能。

（4）手动报警：制定声音报警模式、时长。

7）网络配置

网络配置包含以下内容。

（1）TCP/IP 配置。

设定网络工作模式，不同网卡的 IP 地址和状态。

① 多址设定：NVR 网口可以设置不同段地址，同时连接多个网络。

② 负载均衡：1、2 或 3、4 网口绑在一起同时工作，网络流量平均分配。

③ 网络容错：1、2 或 3、4 网口绑在一起为主备模式，主网口有故障时，辅网口顶替工作。

（2）宇视云：通过宇视云账号添加注册码或扫描二维码，可添加设备到宇视云账号，在线管理。

（3）邮件配置：配置邮件服务器，收发地址，用于报警时的邮件联动。

（4）国标配置：国标服务器配置和国标本地配置，分别对应上行平台，下行添加前端 IPC。

（5）FTP 配置：配置 FTP 服务器，触发事件或定时上传抓拍图片到 FTP。

8）智能配置——人脸识别

IPC 抓拍人脸图片上传到 NVR，在 NVR 上存储和对比，同时支持报警布控联动各种报警输出。人脸摄像机接入 NVR 时需用宇视协议。

9）智能配置——车辆管控

NVR 基于标准的 GA/T 1400 "视图库" 协议，摄像机也需支持 "视图库" 协议，以及图片接收。

4.1.3　解码器功能介绍

1. 解码器的原理

解码器（Decoder）是一种能将数字音/视频数据流解码还原成模拟音/视频信号的硬件/软件设备。在多媒体方面，编码器主要把模拟音/视频信号压缩数据编码文件，而解码器把数据编码文件转为模拟音/视频信号。视频显示系统负责视频图像浏览，常见设备有监视器、电视机、显示器、大屏、解码器、PC 等。视频图像的显示浏览通常可以支持工程宝预览、NVR 端配置监视器预览、IE 预览（PC 端）、设备管理软件预览（PC 端）、移动监控客户端 App 预览、解码拼控大屏预览等方式。

解码器是一种将信息从编码的形式恢复到其原来形式的器件。在丢失编码数据时，工作人员可以利用解码器恢复初始设置。解码器也是一个重要的前端控制设备。在主机的控制下，可使前端设备产生相应的动作。解码器，国外称其为接收器/驱动器（Receiver/Driver）或遥控设备（Telemetry），是为带有云台、变焦镜头等可控设备提供驱动电源并与控制设备如矩阵进行通信的前端设备。通常，解码器可以控制云台的上、下、左、右旋转，变焦镜头的变焦、聚焦、光圈，以及对防护罩雨刷器、摄像机电源、灯光等设备的控制，还可以提供若干个辅助功能开关，以满足不同用户的实际需要。高档的解码器还带有预置位和巡游功能。

2．解码器的功能

解码器的功能包含读取与清除故障码、执行器动作测试和示波器。

1）读取与清除故障码功能

有的解码器对故障码有比较详细的说明，例如，是历史性故障码还是当下故障码，故障码的次数。如果是历史性故障码就表示故障较早之前出现过，如今不出现了，但在控制单元 ECU 里面有一定的存储记忆。当下故障码则表示出现的故障，并且通过出现的次数来确定此故障码是否经常出现，当下故障码绝大部分和如今出现的系统故障有很大的关系。

2）执行器动作测试功能

可以利用解码器对一些执行器，像喷油嘴、怠速电机、继电器、电磁阀、冷却风扇等进行人工控制，用以检测该执行器是否处于良好的工作状况，当发动机怠速运转时对怠速电机进行动作测试，可以控制其开度的大小，随着怠速电机处于不同的开度，发动机怠速转速应该产生相应的高低变化，通过以上的动作测试，就可以证实怠速电机本身及其控制线路处于正常状况。同样，还可以在发动机运转时对燃油泵继电器进行控制，当断开燃油泵继电器时，发动机应会很快熄火。

当然，不同的解码器所能支持的动作测试功能是不一定相同的，有的支持较多的动作测试功能，有的可能就比较少，但不管是属于哪一种解码器，我们都应尽量利用其这种功能对工作情况有所怀疑的执行器进行动作测试，以便判断其是否属于正常工作状态。

3）示波器功能

因为在解码器的数据流功能中，很多传感器和执行器的信号是采用电压、频率或其他参数，并且以数字的形式表示的，在发动机实际运转过程中，由于信号变化很快，很难从这些不断变化的数字中发现问题，所以可以利用解码器自带的示波器功能对电控发动机系统里的曲轴传感器信号、凸轮轴传感器信号、氧传感器信号、某些型号的空气流量计信号、喷油嘴信号、怠速电机控制信号、点火控制信号等一系列信号，用示波图形的方式直观地显示。当将所测信号波形与标准信号波形相比较时，如果有异常则表示该信号的控制线路或电子元件本身出现了问题，需要进一步检查。但如果利用示波器来检查电子信号，则对维修技术人员提出了较高的维修理论知识要求，需要维修技术人员熟悉被测传感器或执行器的工作、控制原理，并且对示波器具有一定的操作技巧，能正确观察波形（波峰、波幅等），否则很难利用好此项功能。

4.1.4　人脸设备功能介绍

人脸设备是具有对人的脸部特征信息进行身份识别的一种生物识别技术的系统设备。这种生物识别技术称为人脸识别。用摄像机或摄像头采集含有人脸的图像或视频流，并且自动在图像中检测和跟踪人脸，进而对检测到的人脸进行脸部识别的一系列相关技术，通常也叫作人像识别、面部识别。

"人脸识别系统"集成了人工智能、机器识别、机器学习、模型理论、专家系统、视频图像处理等多种专业技术，同时需结合中间值处理的理论与实现，是生物特征识别的最新应用，其核心技术的实现，展现了弱人工智能向强人工智能的转化。

1．人脸识别技术特点

人脸与人体的其他生物特征（指纹、虹膜等）一样与生俱来，它的唯一性和不易被复制的良好特性为身份鉴定提供了必要的前提，人脸识别技术与其他类型的生物识别技术（指纹、虹膜等）相比较，具有以下几个特点。

（1）非强制性：用户不需要专门配合人脸设备，几乎可以在无意识的状态下就可获取人脸图像，这种取样方式没有"强制性"。

（2）非接触性：用户不需要和设备直接接触就能获取人脸图像。

（3）并发性：在实际应用场景下可以进行多个人脸的分拣、判断及识别。

（4）视觉特点："以貌识人的特性"，以及操作简单、结果直观等特点。

2．人脸识别技术实现流程

人脸识别技术实现的流程分为四步，分别为：

第一步，人脸图像采集及检测；

第二步，人脸图像预处理；

第三步，人脸图像特征提取；

第四步，人脸图像匹配与识别。

3．人脸识别技术名词解释

人脸图像采集：不同的人脸图像都能通过摄像镜头采集下来，如静态图像、动态图像、不同的位置、不同表情等方面都可以得到很好的采集。

人脸图像检测：人脸图像检测在实际中主要用于人脸识别的预处理，即在图像中准确标定出人脸的位置和大小。

人脸图像预处理：对于人脸的图像预处理是基于人脸图像检测结果，对图像进行处理并最终服务于特征提取的过程。系统获取的原始图像由于受到各种条件的限制和随机干扰，往往不能直接使用，必须在图像处理的早期阶段对它进行灰度校正、噪声过滤等图像预处理。

人脸图像特征提取：人脸识别系统可使用的特征通常分为视觉特征、像素统计特征、人脸图像变换系数特征、人脸图像代数特征等。人脸特征提取就是针对人脸的某些特征进行的。由眼睛、鼻子、嘴、下巴等局部构成，对这些局部和它们之间结构关系的几何描述，可作为识别人脸的重要特征。

人脸图像匹配与识别：提取的人脸图像的特征数据与数据库中存储的特征模板进行搜索匹配，通过设定一个阈值，当相似度超过这一阈值时，就把匹配得到的结果输出。人脸识别就是将待识别的人脸特征与已得到的人脸特征模板进行比较，根据相似程度对人脸的身份信息进行判断。

4．宇视人脸设备功能介绍

宇视人脸设备主要包含人脸门禁一体机、人脸识别终端和人脸管理服务器等产品。

1）人脸门禁一体机

人脸门禁一体机设备是门禁与人脸功能相结合的一个智能化设备，其设备及配件如图 4-27 所示，它具有安防增值、应用融合、安全应用、便捷部署和可视对讲五个功能特点。

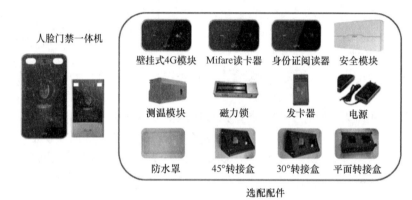

图 4-27　人脸门禁一体机设备及配件

（1）安防增值。

① 视频记录：人脸门禁一体机支持标准（GB 或 ONVIF）协议视频流输出，可在安防系统查看门口实况；人脸门禁一体机视频/图片可在安防系统中进行统一存储。

② 图片分析：人脸门禁一体机抓拍图片支持上传至智能分析系统；支持与人脸摄像机一起实现人脸轨迹及以图搜图应用。

③ 统一管理：人脸门禁一体机管理可通过安防平台进行统一呈现；支持通过安防系统对人脸门禁进行配置及名单下发。

（2）应用融合。

① 系统融合：支持一卡通系统对接，同步现有人员信息及照片库；支持韦根输出，可将人脸转换为卡号，复用现有门禁系统。

② 业务融合：支持人员记录上报，配合考勤系统实现考勤记录。

③ 丰富接口：管理平台支持 restful 接口，支持与第三方同步人员信息及出入记录；前端 SDK 设计，第三方平台可直接调用前端信息。

（3）安全应用。

人脸门禁一体机的安全应用功能特性可分为算法部分和机械部分。

算法部分：

① 精准人脸识别：99% 超高识别率，误识率低于 1%；

② 活体检测：静态活体检测，无须点头、张嘴等配合视频、照片防欺骗活体检测准确率 99.5%。

机械部分：

① 机械防拆：防拆按钮设计，暴力拆卸后系统自动报警，防止设备被破坏；

② 安全模块（Q2）：支持安全开门模式，室内放置安全模块，保证人脸门禁一体机被拆卸后无法短接开门。

（4）便捷部署。

多种安装方式：壁挂式安装、嵌入式安装、转接盒安装、防水护罩安装。

① 壁挂式安装：卡扣式支架，便捷安装，单人可操作。

② 嵌入式安装：超薄外壳设计，体现高大上。

③ 转接盒安装：适用纯室外场景。

④ 防水护罩安装：适用不方便墙面打孔的场景。

双网口设计：10 寸（约 33.3cm）门禁手拉手布线，方便组网改造类项目，可利用原有线路。

（5）可视对讲。

人脸门禁一体机的可视对讲具备对讲、监视、一对多设计、远程开门控制等功能特性。

① 对讲：人脸门禁一体机可呼叫室内机，双向语音对讲；人脸门禁一体机呼叫 App 端远程对讲。

② 监视：室内机可查看人脸门禁一体机摄像头实况；室内机可查看小区公共区域摄像机实况。

③ 一对多设计：单台人脸门禁一体机可接入多台室内机；单台室内机可接入多台人脸门禁一体机。

④ 远程开门控制：室内机远程控制开门；管理平台远程开门；App 端远程开门。

2）人脸识别终端

人脸识别终端是指具有人脸识别功能的终端，如图 4-28 所示，其通用特点如下。

（1）采用宇视自主知识产权的深度学习算法模型，人脸识别率为 99%，误识率为 1%。

（2）采用大光圈镜头，支持自动调节补光，适应多种复杂的光线环境。

（3）支持刷脸识别、刷卡、人卡、人证、人证+身份证白名单等多种核验模式，并且支持核验方式定制拓展。最快识别速度为 0.2s/次，超低误识率，提升通过率。

（4）采用 200 万 1080P 低照度宽动态广角摄像头，适应多种复杂光线场景下图像高质量采集。

（5）支持 0.3～3.5 m 的识别距离控制，有效防止距离较远的人员误识别。

（6）支持基于深度学习算法的活体检测功能，有效避免通过照

图 4-28 人脸识别终端

片、视频等方式伪造。

（7）持人脸测光和人形测光，快速适应环境光，有效提高强背光条件的识别效率。

（8）支持单个人员最多添加 6 张底库照片，大大提升识别速度和通过率。

（9）支持陌生人检测上报给管理平台，对陌生人进行分类管理。

不同的人脸识别终端在人脸库容、脱机记录数、通信方式、触屏和可视对讲方面都会存在区别，以 ET-S32@W 和 ET-B32 为例，其区别如下。

（1）ET-S32@W 的人脸库容达到 5 万条；可以脱机记录 10 万条事件记录；支持网口和 Wi-Fi 通信；支持触屏和可视对讲功能。

（2）ET-B32L/ET-B32C 的人脸库容为 1 万条；可以脱机记录 3 万条事件记录；只支持网口通信；不支持触屏和可视对讲功能。

3）人脸管理服务器

人脸速通门管理平台如图 4-29 所示。人脸管理服务器具以下通用功能。

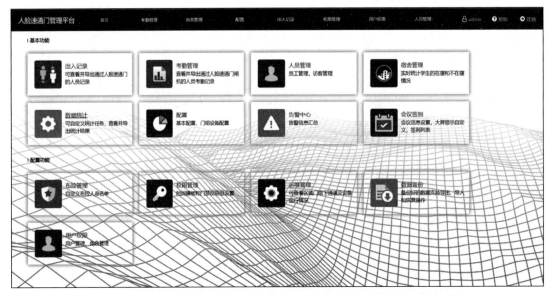

图 4-29　人脸速通门管理平台

（1）业务功能：支持过人记录查看和基础考勤查看；支持人员按部门分类并按部门下发给终端进行权限分配；支持对访客进行批量增、删、改、查和设置有效权限；支持按照时间权限模板灵活分配人员时间权限；支持按照区域对门组设备进行权限管理。

（2）人员管理：支持按区域人员签到统计；支持夜不归寝、长期晚归、长期未归，长期未出等系列数据统计；支持访客统计、访客滞留统计。

（3）拓展功能：可拓展接入考勤门禁系统（DA）；支持与宇视安防平台无缝隙融合（实现人脸轨迹、黑名单报警布控、人脸点名等功能）。

（4）设备管理：支持区域、门组、通道管理（按区域、门组、通道增/删/改/查）；支持按通道绑定的设备下发权限；支持按时间模板配置权限。

（5）运维管理：支持远程开门；支持对识别模块、闸机状态统一管理。

4.1.5　出入口设备功能介绍

出入口控制系统（Access Control System，ACS）是安全技术防范领域的重要组成部分，是人们对社会公共安全与日常管理的双重需要。出入口控制系统是采用电子与信息技术，识别、处理相关信息并驱动执行机构动作和/或指示，从而对目标在出入口的出入行为实施放行、拒绝、记录和报警等操作的设备（装置）或网络。

目前，应用于出入口控制系统的身份识别技术主要有以下三种：编码识别技术、生物识别技术和复合识别技术。

1. 编码识别技术

编码识别包括人员编码识别和物品编码识别。人员编码识别是通过编码识别（输入）装置获取目标人员的个人编码信息的一种识别。而物品编码识别是通过编码识别（输入）装置读取目标物品附属的编码载体而对该物品信息的一种识别。目前应用广泛的编码识别技术主要为卡片识别技术和密码识别技术。

编码识别技术的主要设备有：发卡器、读卡器、智能卡等。

1）发卡器

EC-B21D-M2 发卡器（见图 4-30）通过 USB 口实现和计算机连接，支持非接触式对 Mifare 卡的读取和写入，可靠性高，读写速度快，安全性好。适用于门禁、考勤及高速公路、加油站、停车场、公交等各种收费、储值、查询等应用系统中。

该产品的主要特点有：通过 USB 口与计算机连接，免驱动程序，即插即用；采用环保材质生产，匹配标准 USB 数据线高效传输，实现数据电流无误对接；接触式读、写卡；发卡过程中对数据加密，通信安全性高；

图 4-30　EC-B21D-M2 发卡器

读、写卡成功有 LED 指示灯和蜂鸣器提示；支持读取身份证物理卡号。

2）读卡器

EC-S12H-D 壁挂式身份证阅读器（见图 4-31）是一款专门用于识别第二代身份证的身份证阅读机具，其外观设计简洁大方。设备采用标准的 ISO 14443-B 非接触阅读技术，

通过内嵌的专用身份证安全控制模块（SAM），以无线传输方式与第二代居民身份证内的专用芯片进行数据交换，将身份证内的个人信息资料读出。该设备支持 USB、数据接口通信。可结合人脸门禁一体机人证核验模式，进行身份证信息传输。同时人脸门禁一体机将核验结果反馈至身份证阅读器，通过状态灯、蜂鸣器直观提醒用户人证核验是否成功。适用于门禁等需人证核验的应用场景。

图 4-31　EC-S12H-D 壁挂式身份证阅读器

该产品的主要特点有：符合 ISO/IEC 14443 Type B 标准、《台式居民身份证阅读器通用技术要求》（GA 450—2013）和《居民身份证验证安全控制模块接口技术规范》（GA 467—2013）；可读取、查询第二代居民身份证的全部信息；可验证第二代居民身份证的真伪；内置加热温控模块，检测到周边环境温度过低时可及时加热升温，保障设备工作的稳定性；同时当周边环境温度超过设定的最低温度值时，加热温控模块将停止工作，有效节能；三色指示灯及内置蜂鸣器，直观展示人证核验是否有效；安全性能强、稳定性好；单直流供电，工作电流小，低功耗；设备支持防拆报警；支持 USB、数据接口等多种通信方式，适用范围广；经典圆弧边框设计，简单大方。

EC-S11H-M Mifare 卡读卡器（见图 4-32）采用先进的射频接收线路设计及嵌入式微控制器，结合高效译码算法，完成对 Mifare 卡或 CPU 卡的接收。Mifare 卡读卡器具有接收灵敏度高、工作电流小、高安全性、高稳定性、读卡速度快、低功耗等特点。可结合宇视人脸门禁一体机人卡核验或刷卡核验模式，将读出的卡号信息上传至配套的人脸门禁一体机，从而控制开门。同时人脸门禁一体机将核验结果反馈至读卡器，通过状态灯、蜂鸣器直观提醒用户刷卡核验操作是否有效，适用于门禁、考勤、收费等各种射频识别场景。

该产品的主要特点有：接收灵敏度高，读卡速度快；安全性能强、稳定性好；三色指示灯，直观展示刷卡操作是否有效；内置蜂鸣器；单直流供电，工作电流小，低功耗；设备支持防拆报警；经典圆弧边框设计，简单大方。

EC-S11-D@Q 二维码扫描器（见图 4-33）是一款配合宇视人脸速通门/人脸门禁使用的扫码设备。结合号码白名单核验模式，可以将二维码内的个人信息资料读出，并且将此信息上传至配套的宇视人脸速通门识别终端或人脸门禁设备。

图 4-32　EC-S11H-M　Mifare 卡读卡器　　　　图 4-33　EC-S11-D@Q 二维码扫描器

该产品的主要特点有：直观清晰的 LED 指示灯及蜂鸣器提示，确保用户操作有效无误；符合通用标准，方便嵌入到其他设备内部；坚固的 ABS 塑料外壳，防火阻燃，安全耐用；内部 PC 灌胶密封防水；稳定、感应灵敏、读卡速度快。

2．生物识别技术

生物识别技术（Biometric Identification Technology）就是通过计算机与光学、声学、生物传感器和生物统计学原理等高科技手段密切结合，利用人体固有的生理特性（或行为特征）来进行个人身份鉴定的技术。人类的生物特征通常具有无须携带、重复率少、唯一性、可以测量或可自动识别及验证、遗传性或终身不变、不易被模仿和安全性高等特点，因此生物识别技术比传统认证技术有较大的优势。

目前基于这些生理特征或行为的识别技术有指纹识别技术、掌形识别技术、面部识别技术、虹膜识别技术、声纹识别技术、签字识别技术等。生物识别技术在北京奥运会、广州亚运会、两会等人流较大的活动期间大放异彩。

EP-BFP13U 指纹采集仪（见图 4-34）是一款集成了电容式大尺寸按压指纹传感器和指纹芯片为一体的指纹产品，其具有体积小、识别速度快、功耗低和接口简单等特点。它可以实现指纹图像采集、图像处理特征提取、指纹图像上传至上位机等功能，拥有高可靠性、干湿手指适应性好、指纹识别速度快等优点，适用于医院、政府、公寓、公安等场景。

该产品的主要特点有：以 USB 为通信接口作为从属设备，与主设备通过一体机化程序通信协议交互通信，实现指纹采集、录入、删除、搜索等一体机化功能；干湿手指均有较好的成像质量；成像清晰、识别速度快；可靠性高；通过安全部安全与警用电子产品质量检测中心检测，符合第二代居民身份证指纹采集设备的规范和要求。

图 4-34　EP-BFP13U 指纹采集仪

3．复合识别技术

复合识别技术就是把多种识别技术相结合的出入口控制技术。

G1P5 系列智能锁（见图 4-35）是针对学校、公寓和酒店等应用场景专门研发的一款智能锁，集成隐藏式按键设计，支持指纹（选配）、虚位密码、低电报警、语音导航等功能，可以支持指纹（选配）、密码、IC 卡、身份证（选配）、CPU 卡（选配）、机械钥匙、蓝牙等开锁方式。普遍适用于学校、公寓、出租屋、酒店等智能锁管理项目。

该产品的主要特点有：支持指纹（选配）、IC 卡、身份证、CPU 卡、密码、机械钥匙和蓝牙等多种开门方式；支持 20 位虚位防窥密码；支持多点触摸按键键盘；支持语音导航提示；支持门铃；支持试错，防撬报警；支持国标 6068 锁体；支持最高等级 C 级防盗锁芯；支持低电压报警；支持 MicroUSB 应急供电；支持室内反锁功能；支持超长电池使用（4 节 AA 碱性电池支持 8 个月以上）；支持 Wi-Fi，蓝牙等方式联网；支持智能锁集中管理，完美适用于学校、公寓和公租

图 4-35　G1P5 系列智能锁

房等场景。

4．宇视主流产品功能

人脸门禁系统是基于门禁一体机的门禁控制系统，门禁一体机为识别控制端，最终进行开门动作的是电子锁。人脸门禁一体机是一款高性能、高可靠性的人脸识别类门禁产品。把宇视人脸识别技术完美地融合到门禁产品中，依托深度学习算法，实现人员的精确控制，有效地杜绝了传统闸机存在的盗刷、代刷等问题。支持人脸白名单识别（1：N）、人证核验（1：1）、人脸与 IC 卡核验等多种识别模式，该类产品具备高识别率、大库容、识别快等特点，可广泛应用于各类需要进行人员进出权限控制的场所，例如，智慧小区门口、单元楼大门、会议室门口等，并且在室内、室外环境下均可安装使用。

下面简要介绍宇视人脸门禁一体机的安装与操作过程。

1）设备接线

人脸门禁一体机与各设备的接线示意图如图 4-36 所示，每款设备的接线端子参考设备的使用说明书。

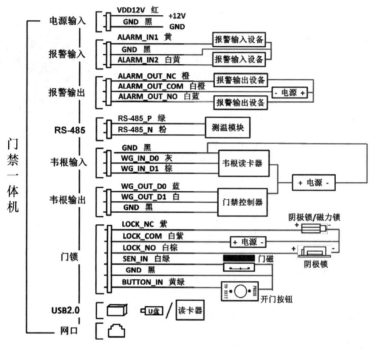

图 4-36　接线示意图（不带安全模块）

人脸门禁一体机还支持接入安全模块，接线示意图如图 4-37 所示。

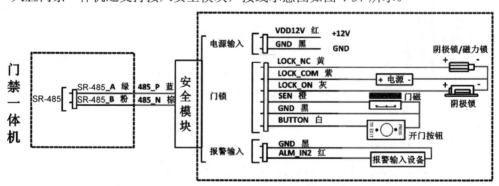

图 4-37　接线示意图（带安全模块）

2）设备配置

设备安装完成后，接通 DC 12 V 电源即可启动设备，设备显示屏通电将亮起，表示设备启动成功（设备首次激活需要配置工程密码）。通过网络连接登录设备 Web 界面进行管理和维护。

（1）在客户端 PC 上运行 IE 浏览器，人脸门禁一体机在地址栏中输入设备的 IP 地址 192.168.1.13（子网掩码为 255.255.255.0），按回车键。

（2）在 Web 登录界面中（见图 4-38）输入用户名（默认 admin）和密码（默认 123456，配置工程密码后即为工程密码），单击【登录】按钮，进入 Web 界面。

图 4-38　Web 登录界面

注意：

（1）Web 浏览器使用 Microsoft Internet Explorer 9.0 或更高版本。

（2）将访问地址添加到信任站点。

（3）首次登录 Web 界面时会提示安装控件，要按照界面指导完成控件安装（也可通过手动方式加载，即在地址栏中输入 HTTP://IP 地址/ActiveX/Setup.exe，并按回车键）。安装完毕，重启 IE 浏览器登录系统。

3）核验开门

宇视人脸门禁一体机可以实现核验开门功能，包括刷脸开门、刷卡开门、刷卡+刷脸开门、人证核验开门、人证+号码白名单核验开门、密码比对开门及二维码开门等方式。具体配置操作如下。

（1）刷脸开门。

① 开启人脸白名单比对。

- 登录终端 Web 界面，单击【配置】按钮，选择【智能监控】下的【核验模板】选项。
- 出厂默认有一个 default 模板，选择默认的核验模板或新增核验模板，配置核验模式【人脸白名单】，如图 4-39 所示。

图 4-39　配置人脸白名单

- 单击【配置】按钮，选择【智能监控】下的【人脸库】选项。

- 出厂默认有两个库：默认员工库、默认访客库。选择默认人脸库或新增人脸库，关联配置人脸白名单的核验模板。人脸库关联核验模板如图4-40所示。

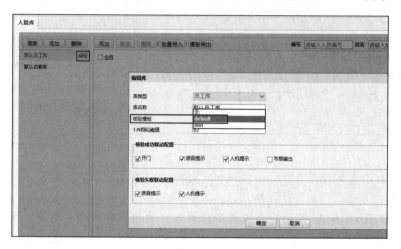

图4-40　人脸库关联核验模板

> **注意：**
>
> 关注核验成功/失败联动配置是否配置正确。

② 开启活体检测。

活体检测默认关闭，如需开启，配置如下。

- 登录终端Web界面，单击【配置】按钮，选择【智能监控】下的【人脸检测】选项。活体检测选择【开启】选项，可以设置对应活体阈值，如图4-41所示。

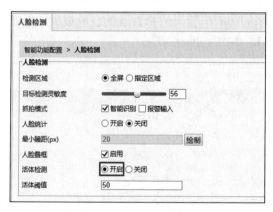

图4-41　活体检测设置

③ 安全帽配置。

安全帽配置如图4-42所示。安全帽配置默认关闭，如需开启，配置如下。

- 登录终端Web界面，单击【配置】按钮，选择【智能监控】下的【人脸检测】选项。
- 勾选【安全帽】复选框后终端将检测人员是否佩戴安全帽，如果未佩戴安全帽，人机将提示"请佩戴安全帽"。

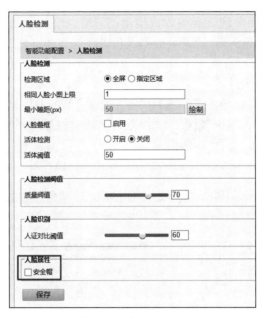

图 4-42 安全帽配置

④ 下发人脸信息。

需提前下发人脸信息至人脸识别终端上，具体可参考人员管理模块。

⑤ 刷脸。

人员在终端前刷脸，人脸识别终端将采集到的人脸照片与人脸底库照片做比对识别。

- 识别成功，界面如图 4-43 所示，同时语音提示"识别成功"，并可成功开门。
- 识别失败，界面如图 4-44 所示，同时语音提示"人员未注册"，可通过其他方式开门。
- 其他刷脸开门失败情形。

图 4-43 识别成功界面

图 4-44 识别失败界面

人员刷脸开门中，还会遇到其他失败情形，界面文字提示如"非真人目标""非规定时间""请将人脸正对摄像头"，效果可参考人员未注册界面。

（2）刷卡开门。

① 开启号码白名单比对。

- 登录终端 Web 界面，单击【配置】按钮，选择【智能监控】下的【核验模板】选项。
- 出厂默认有一个 default 模板，选择默认的核验模板或新增核验模板，配置核验模式【号码白名单】，如图 4-45 所示。

图 4-45 配置号码白名单

- 单击【配置】按钮，选择【智能监控】下的【人脸库】选项。
- 出厂默认有两个库：默认员工库、默认访客库。选择默认人脸库或新增人脸库，关联配置号码白名单的核验模板，如图 4-46 所示。

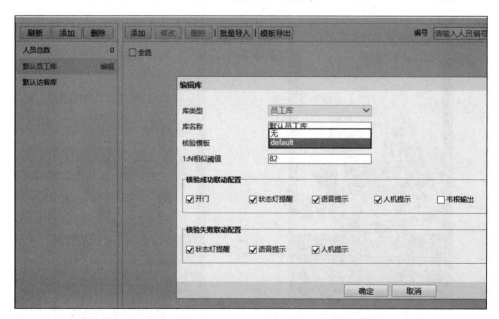

图 4-46 人脸库关联核验模板

- 单击【配置】按钮，选择【常用】下的【端口与外接设备】选项，选择【韦根口设置】选项卡，选择协议类型和格式，如图 4-47 所示。

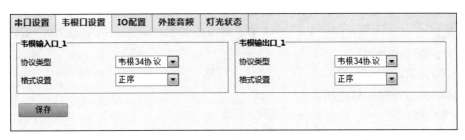

图 4-47　韦根口设置

② 下发人员卡号信息。

需提前下发人员卡号信息至人脸识别终端上，具体可参考新增人员。

③ 刷卡。

在刷卡器上刷 IC 卡，人脸识别终端将采集到的 IC 卡号与底库中的 IC 卡号做比对识别。

人脸识别终端（ET-B32L）支持外接 IC 卡读卡器进行刷卡识别。

- 识别成功（白名单卡号刷卡），人机界面显示"识别成功"，语音提示"识别成功"，并且成功开门。界面参考图 4-43。
- 识别失败（非白名单卡号刷卡），人机界面提示"人员未注册"，语音提示"人员未注册"，并且不开门。界面参考图 4-44。

（3）刷卡+刷脸开门。

① 开启号码+人脸白名单比对。

- 登录终端 Web 界面，单击【配置】按钮，选择【智能监控】下的【核验模板】选项。
- 出厂默认有一个 default 模板，选择默认的核验模板或添加核验模板，配置核验模式【号码+人脸白名单】，如图 4-48 所示。

图 4-48　配置号码+人脸白名单

- 单击【配置】按钮，选择【智能监控】下的【人脸库】选项。
- 出厂默认有两个库：默认员工库、默认访客库。选择默认人脸库或新增人脸库，关联配置了号码+人脸白名单的核验模板。界面参考图 4-46。
- 配置常用端口与外接设备，选择【韦根口设置】选项卡，界面参考图 4-47，选择协议类型和格式。

② 开启活体检测。

具体可参考开启活体检测。

③ 安全帽配置。

具体可参考安全帽配置。

④ 下发人员卡号和人脸信息。

需提前下发人员卡号和人脸信息至人脸识别终端上，具体可参考新增人员。

⑤ 刷卡+刷脸。

在刷卡器上刷 IC 卡+终端前刷脸，人脸识别终端将采集到的 IC 卡号与底库中的 IC 卡号做比对识别，再将采集到的人脸与该 IC 卡关联人脸做对比识别。

人脸识别终端（ET-B32L））支持外接 IC 卡读卡器进行刷卡识别。

- 识别成功（白名单人员刷卡+刷脸），人机界面显示"识别成功"，语音提示"识别成功"，并且成功开门。界面参考图 4-43。
- 识别失败（刷非白名单卡），人机界面提示"刷卡核验失败"，语音提示"刷卡核验失败"，并且不开门。界面参考图 4-44。
- 识别失败（刷白名单卡但非白名单脸），人机和语音提示"人员未注册"。界面参考图 4-44。

（4）人证核验开门。

① 开启人证核验比对。

- 登录终端 Web 界面，单击【配置】按钮，选择【智能监控】下的【核验模板】选项。
- 出厂默认有一个 default 模板，选择默认的核验模板或添加核验模板，配置核验模式【人证核验】，如图 4-49 所示。

图 4-49　配置人证核验

- 单击【配置】按钮，选择【智能监控】下的【人脸库】选项。
- 出厂默认有两个库：默认员工库、默认访客库。选择默认人脸库或新增人脸库，关联配置人的人证核验的核验模板，界面参考图 4-46。

② 开启活体检测。

具体可参考开启活体检测。

③ 安全帽配置。

具体可参考安全帽配置。

④ 人证核验。

在身份证读卡器上刷身份证+终端前刷脸，人脸识别终端将采集到的人脸与该身份证读卡器关联人脸做对比识别。

设备需外接身份证读卡器（ET-B32F-D@W 设备内置身份证读卡器）。

- 识别成功（持卡人刷卡+刷脸），刷卡后如图 4-50 所示，人机界面显示"请将人脸正对摄像头"，语音提示"请将人脸正对摄像头"。提示过后刷脸，人机界面显示"识别成功"，语音提示"识别成功"，并且成功开门。
- 识别失败（非持卡人刷卡+刷脸），如图 4-51 所示，人机界面提示"人证核验失败"，语音提示"人证核验失败"，并且不开门。

图 4-50　提示请将人脸正对摄像头

图 4-51　提示人证核验失败

（5）人证+号码白名单核验开门。

① 开启人证+号码白名单比对。

核验模板配置人证+号码白名单如图 4-52 所示。

- 登录终端 Web 界面，单击【配置】按钮，选择【智能监控】下的【核验模板】选项。
- 出厂默认有一个 default 模板，选择默认的核验模板或添加核验模板，配置核验模式【人证+号码白名单】。

- 单击【配置】按钮，选择【智能监控】下的【人脸库】选项。
- 出厂默认有两个库：默认员工库、默认访客库。选择默认人脸库或新增人脸库，关联配置人证+号码白名单的核验模板。

图 4-52　配置人证+号码白名单

② 开启活体检测。

具体可参考开启活体检测。

③ 安全帽配置。

具体可参考安全帽配置。

④ 人证+号码白名单核验。

在身份证读卡器上刷身份证+终端前刷脸，人脸识别终端将采集到的人脸与该身份证读卡器关联人脸做比对识别，并且还要进行身份证号码比对识别。

设备需外接身份证读卡器（ET-B32F-D@W 设备内置身份证读卡器）。

- 识别成功（持卡人刷卡+刷脸且该身份证号在库中），人机界面显示"请将人脸正对摄像头"，语音提示"请将人脸正对摄像头"。提示过后刷脸，人机界面显示"识别成功"，语音提示"识别成功"，并且成功开门。界面参考图 4-50。
- 识别失败（非持卡人刷卡+刷脸，持卡人刷卡+刷脸但是库中无该身份证号码），人机界面提示"人证核验失败"，语音提示"人证核验失败"，并且不开门。界面参考图 4-51。

（6）密码比对开门。

门口机开启密码核验时，可通过输入"房间密码"或输入超级密码实现开门。

① 密码开门。

- 单击主界面上的 🔑 。 
- 在弹出的界面中（见图 4-53），按提示输入"房间密码"，再单击界面上的【确定】按钮。
- 密码正确开门成功。

输入正确的"房间密码"后，界面提示如图 4-54 所示，同时语音提示"识别成功"。

图 4-53 密码开门界面 图 4-54 识别成功界面

● 密码错误开门失败。

输入错误的"房间密码",界面提示如图 4-55 所示,同时语音提示"密码核验失败"。

图 4-55 密码错误界面

② 个人密码开门。

住户可通过自己设置的个人密码开门。

● 单击主界面上的 🔑 。

● 在弹出的界面中,输入"个人密码"后,再单击界面上的【确定】按钮。

● 个人密码正确开门成功。

界面及语音提示可参考密码正确开门成功。

● 个人密码错误开门失败。

界面及语音提示可参考密码错误开门失败。

③ 超级密码开门。

- 单击主界面上的 🔑 。
- 在弹出的界面中，输入 "超级密码"后，再单击界面上的【确定】按钮。
- 超级密码正确开门成功。
- 界面及语音提示可参考密码正确开门成功。
- 超级密码错误开门失败。
- 界面及语音提示可参考密码错误开门失败。

（7）二维码开门。

① 下发人员二维码信息。

- 需提前下发人员二维码信息至人脸识别终端上，具体可参考新增人员。
- 将需要下发的二维码对应卡号添加至人员 IC 卡信息处。

② 二维码开门。

- 可使用微信小程序生成以 a1p 开头的二维码（如生成文本内容为 a1p123456 的二维码，再将卡号 123456 录入库中）。
- 将生成的二维码对准人脸识别终端摄像头或外接二维码扫码设备，可识别成功并开门。

显示效果可参考识别成功界面。识别失败，人机和语音提示"刷卡核验失败"。显示效果可参考人员未注册界面。

4）人员导入

人脸门禁一体机人员导入的方法分为四种，操作过程如下。

（1）潼关系列人脸录入工具导入。

① 登录宇视官网，进入首页，将鼠标指针放置于【服务与培训】选项卡，在显示的界面中单击【下载中心】下的【客户端软件下载】连接。

② 找到潼关系列人脸录入工具，下载保存到本地。解压缩"潼关系列人脸录入工具.zip"，双击"潼关系列人脸录入工具.exe"，打开人员导入工具，导入人员信息。

③ 在【相机 IP】中输入待导入照片的人脸识别终端的 IP 地址，界面如图 4-56 所示。

④ 选择导入照片的库类型。

库类型有两种选择，选择导入库类型如图 4-57 所示。

- 员工库：将人脸照片导入到员工库中。
- 访客库：将人脸照片导入到访客库中。

⑤ 单击【应用】按钮，选择人脸照片存放路径后确定，此处选择前期准备的图片存放路径，如图 4-58 所示。

⑥ 系统自动导入，导入成功后，界面显示"文件处理完成"，如图 4-59 所示。单击【确定】按钮，完成导入。

（2）Web 界面导入。

Web 界面支持人员的单个新增和批量导入两种方式。

① 单个新增。

- 登录终端 Web 界面，单击【配置】按钮，选择【智能监控】下的【人脸库界面】选项，选择需添加人员的人脸库。
- 在人员列表栏中，单击【添加】按钮。弹出"编辑人脸信息"对话框，如图 4-60 所示。

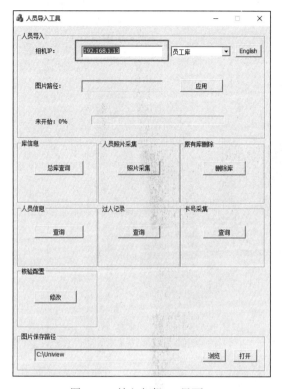

图 4-56　输入相机 IP 界面

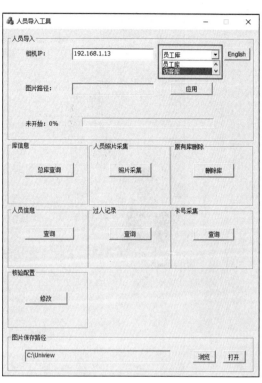

图 4-57　选择导入库类型

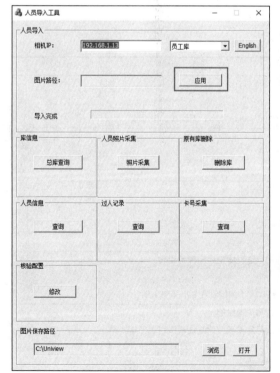

图 4-58　选择图片存放路径

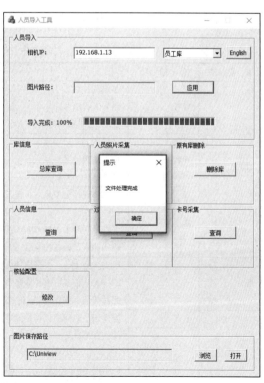

图 4-59　文件处理完成界面

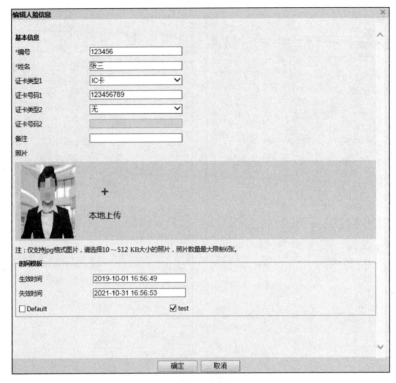

图 4-60 "编辑人脸信息"对话框

• 配置人员信息见表 4-3。

表 4-3 配置人员信息

参 数 栏	参 数 项	描 述
基本信息	编号	必填项。 输入人员编号。 要求：1~15 个字符，大小写英文字母、数字、下画线、中画线
	姓名	必填项。 输入人员姓名。 要求：1~63 个字符，20 个汉字
	证卡类型 1/2 证卡号码 1/2	先选择证件类型后，再输入证件号码。 证件类型选项有：IC 卡、身份证、无。 证件号码要求：1~20 位字符，大小写英文字母、数字
	备注	输入该人员的备注信息
照片	—	单击本地上传，在弹出的界面中，选择本地人脸照片上传。 ET-B32L 最多可上传 6 张照片。 照片要求：仅支持 jpg 格式，照片大小需控制在 10~512 KB
时间模板	生效时间 失效时间	需先选中时间模板再设置其生效与失效时间。 按实际情况选择时间模板，勾选时间模板前的复选框即可选中。 注： • 绑定多个时间模板，核验时取并集； • 如果绑定的时间模板，未在生效时间到失效时间内，核验成功后则提示"非规定时间"

- 单击【确定】按钮，完成新增人员。

② 批量导入。

批量导入如图 4-61 所示。

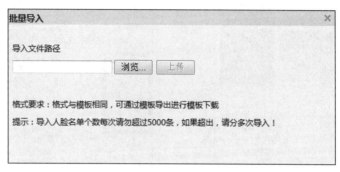

图 4-61　批量导入

- 单击【配置】按钮，选择【智能监控】下的【人脸库】选项，选择需添加人员的人脸库。
- 单击 模板导出 ，下载导入模板至本地。
- 解压缩模板，在导入表格中，按要求填入相关信息。
- 单击 批量导入 ，上传导入表格。

导入状态如图 4-62 所示。如果有导入失败的，则可参考其描述的失败原因，定位修改后再重新导入失败的人员信息。

导入状态

总条数：**6** 条　导入成功：**5** 条　导入失败：**1** 条　100.00%

序号	编号	姓名	状态	描述
6	10006	张三二	✓	成功
5	10005	张三一	✗	人脸图片1图片路径错误
4	10004	王五	✓	成功
3	10003	赵六	✓	成功
2	10002	李四	✓	成功
1	10001	张三	✓	成功

图 4-62　导入状态

（3）终端导入。

① 启动人脸门禁一体机。长按（6s 以上）可视对讲人脸识别终端主界面，在弹出的密码输入界面中输入配置的工程密码，即可进入工程配置界面，如图 4-63 所示。

② 在人员录入界面中填入人员信息，单击人脸照片【+】按钮录入人员，如图 4-64 所示。

图 4-63　工程配置界面

图 4-64　人员录入界面

③ 在捕捉的图像符合要求时，单击 回进行采集，再单击 √确认。图像采集界面如图 4-65 所示。

图 4-65　图像采集界面

④ 在人员录入界面中，单击【保存】按钮，完成人员录入。

（4）人员管理平台导入。

此导入方法需选购 EGS531 人脸管理平台。人员导入分为单个新增与批量导入，详细操作过程可参考管理平台联机帮助。文档获取过程如下。

① 登录管理平台 Web 界面。

② 单击右上角的 ❓帮助，可获取管理平台联机帮助。

5）人员管理

以 Web 界面管理为例，简单介绍一下人员管理功能。

（1）修改人员。

① 勾选需修改的人员左上角的复选框后可选中该人员，单击 修改 。

② 或者单击该人员图片右下方的✎，如图 4-66 所示。

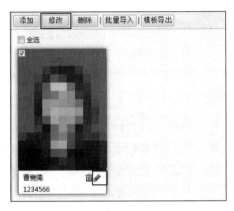

图 4-66　修改界面

③ 在弹出的编辑人员界面中，参考单个新增人员修改人员信息。

④ 单击【确定】按钮，完成修改人员信息。

（2）删除人员。

删除人员分为部分删除与全部删除。

① 部分删除。

- 勾选需删除的人员左上角的复选框后可选中该人员，单击 删除 。

- 或者单击该人员图片右下方的🗑，如图 4-67 所示。

- 在弹出的删除确认界面中，单击【确定】按钮，完成人员删除。

② 全部删除。

- 勾选全选前的复选框，如图 4-68 所示。

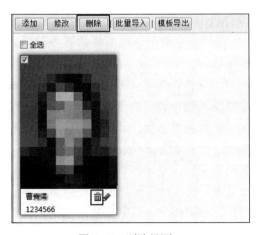

图 4-67　删除界面

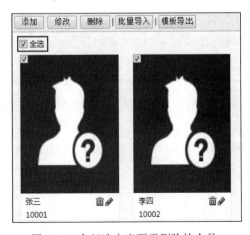

图 4-68　全部选中当页需删除的人员

- 单击 删除 。
- 在弹出的删除确认界面中，单击【确定】按钮，完成全部人员删除。

（3）查询人员。

- 人员信息可按编号、姓名、证件号等方式进行查询，如图 4-69 所示。需输入全称，不支持模糊查询。

图 4-69　查询条件框

4.1.6　平台功能介绍

针对监控系统化服务，可分为行业用户和商业用户。

大规模监控解决方案是针对应用规模较大、要求高，可靠海量存储、定制与集成需求繁多的行业监控市场推出的网络视频监控解决方案。大规模解决方案的核心是 Video Management 视频管理平台，它适用于局域网、广域网、VPN 和多级多域扩容联网等多种组网方式。

中小规模监控解决方案主要针对监控规模相对较小的商业（企业）市场推出的基础网络视频监控解决方案，如园区、楼宇、普通学校、展馆、商超、住宅小区等的联网监控。在安防技术被广泛商用、民用的大背景下，安防技术体现出了易用性、稳定性和安全性等特征。PC 和手机等终端设备作为移动互联网技术承载的载体扮演着越来越重要的角色，也是中小规模监控解决方案的使用载体。其中，业务平台是中小规模监控解决方案的核心组件。

本小节主要讲述的是 VMS 系列产品，其负责整个监控系统设备管理及业务调度，能够实现视频实时浏览、录像回放、监控点管理、录像存储管理、报警、轮巡、电视墙等丰富的视频业务功能，同时集成 NVR、服务器本地存储等多种存储功能，适用于中小规模监控，着重要掌握的是 VMS 系列产品的业务配置及基本维护。

一个完整的视频监控系统由视频采集子系统、传输子系统、管理控制子系统、视频显示子系统、音/视频存储子系统组成，对于小规模监控系统而言，由于其规模小、部署灵活等特点，我们主要将其划分为三部分，前端音/视频采集部分、网络传输系统部分和监控业务平台的设备管理、存储回放、硬解、软解及显示。

本小节着重介绍监控业务平台部分的相关业务。设备管理部分是监控系统中后端对前端的控制部分，负责对前端的实况、云台回放报警联动进行调度和管理，是商业视频监控系统的核心。这一部分可以实现存储回放、硬解、软解和显示操作。硬解是指采用解码器上墙解码，软解是指采用 PC 的 Web 或程序客户端进行查看实况回放等。

控制是多方面的，一方面是对实时图像的切换和控制，要求控制灵活、响应迅速；另一方面是对异常情况的快速报警或联动反应。还要求系统操作和管理上的便捷性。

管理即系统的运维管理，包括配置和业务操作、故障维护、信息查找等方面的内容。系统运维管理要求操作简单、自动化程度高，同时兼顾系统安全。

控制和管理各方面的要求，主要取决于管理平台的性能、功能。若使用终端控制台，如 PC 远程操作、控制，则终端控制台的硬件配置高低也会对整体操作体验有一定的影响。

视频监控系统的重要意义在于事前的防范和事后的取证两个方面，业务平台在视频监控系统中充当着管理及使用的重要角色，具备以下特点。

其规模应用上相对较小，适用于几百路以下的场景。

从网络适应性上讲，大部分小规模监控系统的使用者希望既支持局域网范围的监控、又支持广域网范围的监控，需要两种需求并行存在，同时还希望能够随时随地使用 PC 及手机等设备配置和观看监控中的实况、回放和报警等信息，通过实时的图像和报警掌握当前监控场景中的具体情况。

对于实时监控，小规模的并发量相对较小，对带宽和转发的要求相对低一些。

网络存储要求便捷操作，同时存储方式相对灵活，既能实现存储在用户的个人 PC 上，又能存储在手机等设备上，同时满足保存在手机上的录像和图片都能够通过主流社交软件的接口进行分享，对存储的可靠性要求相对不高。

1．VMS 一体机组网

VMS 一体机是针对小规模的视频监控解决方案而设计的管理设备，其部署简单、操作方便，可广泛应用于教育、金融、司法、能源、交通、文博、园区、楼宇、商超等行业。

它采用软硬件一体化构建，其架构如图 4-70 所示，具备高性能、高可靠性、灵活的缓存配置与多扩展性能，具有低廉、开放、大容量、传输速率高、兼容、安全等诸多优点，集流媒体的管理、转发、存储等多功能于一体。

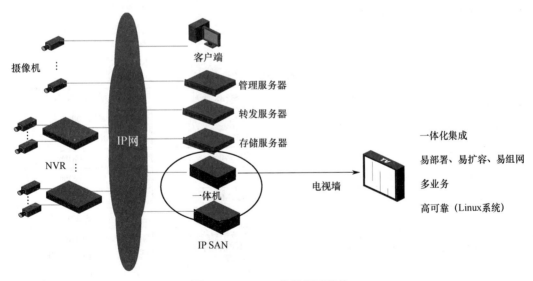

图 4-70　VMS 一体机组网架构

2．VMS 系列产品族谱

宇视自主研发的融平台，集成音/视编解码、数据传输、存储等多种技术为一体，有丰富的报警输入/输出接口，能方便地满足各类室内外监控组网的需求。主机柜和扩展柜支持 16、24、36、48 盘位。内置 HDMI、VGA 等丰富接口，支持宇视协议和标准 ONVIF 协议的即插即用，支持宇视云手机访问和资源共享。VMS 系列产品如图 4-71 所示，包含三大系列产品，分别是 VMS-B200、VMS-B230、VMS-B260；根据款型，其产品参数也有一定的差异，可根据实际应用场景需求，进行选择。

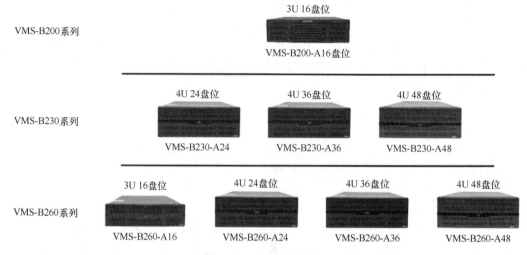

图 4-71　VMS 系列产品

为配合整体解决方案和应用场景业务功能的完整性，前端 IPC 全系列产品、管理平台、编解码器和监视器也是必不可少的视频监控的组件。

3．VMS 一体机产品参数

VMS 系列产品参数对比见表 4-4。

表 4-4　VMS 系列产品参数对比

	VMS-B200 系列	VMS-B230 系列	VMS-B260 系列
接入规格	管理 1000 台设备 2000 路视频通道	管理 1000 台设备 2000 路视频通道	管理 2000 台设备 4000 路视频通道
接入带宽	512 Mbps	600 Mbps	1024 Mbps
存储带宽	512 Mbps	600 Mbps	1024 Mbps
转发带宽	384 Mbps	600 Mbps	1024 Mbps
存储路数	256 路	256 路	512 路
盘位形态	3U 16 盘位	4U 24/36/48 盘位	3U 16 盘位 4U 24/36/48 盘位
本地解码	支持	不支持	不支持
解码卡扩展	支持	不支持	不支持
网口扩展卡	不支持	支持	支持
硬盘接入	1～10 TB	1～14 TB	1～14 TB
扩展柜接入	支持	不支持	不支持

一体机是一个"All-In-One"设备,更偏重于管理、接入功能,在工程商领域中,一体机的出现可以很好地解决中小型项目多台 NVR 管理的需求,它是一台集设备管理、存储、媒体流转发、解码显示于一体的设备;可管理的接入路数达到上千路;集流媒体的管理、转发、存储等多功能于一体;产品采用软硬件一体化构建,具备高性能、高可靠性、灵活的缓存配置与多扩展性能;具有低廉、开放、大容量、传输速率高、兼容、安全等诸多优点;多台嵌入式综合监控平台可以进行级联,真正做到监控无限扩容。其具体产品参数如图 4-71 所示。

4. VMS 局域组网方案

在 VMS 局域组网方案中,VMS-B200 处于单域应用模式,可接入 IPC、NVR、解码器、解码卡、网络键盘、报警门禁等设备。单台总计可以接入 1000 个设备和 2000 路通道,接入带宽 512 Mbps,转发带宽 384 Mbps。它自带内置 DC 解码器,通过内置 DC 可以实现实况上墙业务(总计可以接入 3 个显示器,有 1 个 VGA 接口,2 个 HDMI 接口)。VMS-B200 设备自身可接入 16 块硬盘用作存储,并且可通过接入存储扩展柜扩容存储容量,最大可扩展到 48 块硬盘。

5. VMS 广域联网方案

VMS 广域联网架构示例如图 4-72 所示,VMS 广域联网方案主要是解决广域网中客户端与设备端之间互连互通的问题。目前,针对广域网环境宇视提出两种解决方案:一体机 P2P 方案(宇视云)和一体机 UNP 方案。

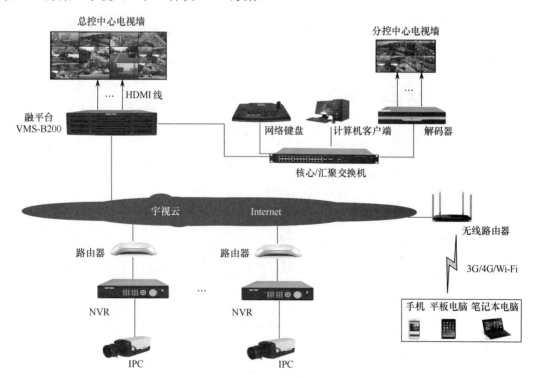

图 4-72　VMS 广域联网架构示例

注意:

若一体机和下行设备均处在单层 NAT 下，也可以通过端口映射的方式实现广域网访问。

4.1.7 客户端介绍

客户端（Client）也称为用户端，是指与服务器相对应，为客户提供本地服务的程序。除了一些只在本地运行的应用程序外，一般安装在普通的客户机上，需要与服务端互相配合运行。宇视通用客户端主要包括：EZStation、EZTools、EZView、智 U、EZPlayer 等。

1. EZStation

1）EZStation 概述

EZStation 是针对小规模的视频监控解决方案而设计的设备管理软件，其部署简单、操作方便，特别适合应用在超市、车库、社区等视频路数较少的监控场合。

EZStation 能够实现视频实时浏览、录像回放、监控点管理、录像存储管理、报警、轮巡、电视墙、电子地图等丰富的视频监控业务功能，同时集成 NVR、服务器本地报警存储等多种存储功能，适用于中小规模视频监控。

2）EZStation 下载

EZStation 下载界面如图 4-73 所示。

图 4-73　EZStation 下载界面

方法一：登录宇视官网→服务与培训→下载中心→客户端软件下载→EZstation 视频管理软件，如图 4-73 所示。

方法二：登录宇视官网→产品→客户端配置→PC 客户端软件→EZStation。

3）EZStation 安装环境

其安装环境见表 4-5。

表 4-5　EZStation 安装环境

版　　本	安 装 环 境
64 位版本	操作系统：Microsoft Windows 7/Windows 8/Windows 10 等 64 位操作系统 CPU：Intel Core i5 3.1 GHz 或以上 内存：4 GB 及以上
32 位版本	操作系统：Microsoft Windows 7/Windows 8/Windows 10 等 32/64 位操作系统 CPU：Intel Pentium IV 3.0 GHz 及以上，推荐 4 Cores、3.0 GHz 内存：2 GB 及以上 注：64 位操作系统须兼容 32 位软件
Mac 版本	操作系统：Mac OS 10.11 及以上 CPU：Intel Core i5 3.1 GHz 或以上 内存：4 GB 及以上

4）EZStation 基本功能

EZStation 配置设备高效，能自动搜索（可跨网段搜索）、通过 IP/域名方式添加设备、支持 EZDDNS 添加设备、批量添加、批量校时等，下面对其基本功能进行详细介绍。

（1）实况：支持场景恢复、自定义分屏模式、单屏多画面分割、辅屏播放、走廊模式、视频轮巡、随路音频、双向语音对讲。

（2）录像：本地录像、报警联动录像、计划录像、录像下载。

（3）回放：同步/异步回放、即时回放、智能搜索、录像检索、SD 卡检索。

（4）云台控制：云台预置位、录制巡航、轨迹巡航、巡航计划。

（5）报警：业务报警（事件报警、智能报警）、设备报警（设备上线/离线等）、报警联动（联动实况等）、实时/历史报警管理。

（6）客流量统计：进入/离开/进入和离开人数统计、日报表/周报表/月报表/年报表数据导出。

（7）电子地图：热点、热区、鹰眼、查看实况、地图报警。

（8）电视墙：实况解码上墙、轮巡解码上墙、回放解码上墙、报警联动上墙、一键开窗、自动绑定解码通道、通道分屏、场景保存与切换、小间距 LED、虚拟 LED。

5）EZStation 常用功能

（1）设备管理：统一管理设备，对设备进行添加、编辑、删除及配置操作。

（2）实况：查看监控点的实况画面，对监控点进行实况业务操作。

（3）回放：搜索并播放监控点的录像文件，对监控点进行回放业务操作。

（4）拼控电视墙：配置和操作电视墙。

（5）语音对讲：语音对讲和语音广播。

6）EZStation 设备管理

EZStation 能统一管理宇视 IPC、NVR、网络键盘、解码器等设备；编码设备包括 IPC（也叫 IP 摄像机、相机、监控点、视频通道）、NVR（网络视频录像机）；解码设备添加解码器（DC、ADU 系列）；云端设备登录云端注册的账号密码，使用网络键盘实现在电视墙上播放视频、控制云台摄像机。EZStation 设备管理界面如图 4-74 所示。

图 4-74　EZStation 设备管理界面

2．EZTools

1）EZTools 概述

EZTools 是一款通用工具软件，主要用于设备搜索、升级及参数的远程配置、存储时间及容量的快速计算。针对大量不同型号的 IPC 等设备，为实现设备管理、录像容量计算等功能而设计。运行该软件后，默认进入设备管理界面，使用软件对设备进行管理操作前，需要先添加设备。EZtools 设备管理界面如图 4-75 所示。

图 4-75　EZtools 设备管理界面

2）EZTools 主要功能

（1）设备管理：设备搜索、升级；设备参数远程配置。

（2）容量计算：通过存储容量计算监控点的可录像时间；通过监控点要录像时间计算所需的存储容量。

3）EZTools 下载路径

登录宇视官网，选择 EZTools 辅助工具软件，如图 4-76 所示。

图 4-76 EZTools 辅助工具软件

3．EZView

1）EZView 概述

EZView 是宇视针对中型商业或企业用户推出的一款移动监控客户端 App，应用于 Android 和 iOS 系统，可在各移动应用商店免费下载安装。通过网络直接接入宇视视频监控产品，实现在移动终端上查看实况、回放录像、云台控制、语音对讲、报警消息接收、管理云端设备等业务。

2）EZView 功能及特性

EZView 的功能模块及关键特性见表 4-6。

表 4-6 EZView 的功能模块及关键特性

功能模块	关 键 特 性
实况	支持 1 / 4 / 9 / 16 画面分割、支持码流（主流/辅流/第三流）切换、语音对讲、云台控制、本地录像、截屏等
回放	NVR/SD 卡录像回放、日历检索、4 路同步回放、切片回放、时间轴手势缩放、本地录像、截屏等
设备管理	10000 通道；自带 Demo；通过 P2P/IP/EZDDNS 添加设备
文件管理	按时间/文件类型排序；图片/视频可导出到相册
收藏夹	可将设备名称、设备列表、画面模式、设备在窗格的位置、分页模式等一键收藏
报警通知	按设备/通道/时间/报警类型设置报警消息推送；支持运动检测、视频遮挡、报警输入、VCA 智能报警等
云账号管理	支持手机号（国内）/邮箱（海外）注册；记住登录账号及密码；共享设备给其他云账号；查看共享记录等
密码找回	支持找回注册到云端设备的密码

4．智 U

1）智 U 概述

智 U 是宇视针对小型商业或企业用户推出的一款视频监控 App，其视觉清晰、界面简洁、操作简单，特别适合应用在超市、饭店、办公室等视频路数减少的监控场合，可在各移动应用商店免费下载安装。可以通过该 App 连接宇视视频监控产品，实现在移动终端上查看实况、回放录像、云台控制、语音对讲、分享设备、报警消息接收、文件管理等业务。

2）智 U 功能

（1）实时监控：清晰度切换、云台控制、音/视频控制、语音对讲。
（2）设备管理：设备添加、编辑、版本升级。
（3）录像回放：录像检索、切片回放、同步回放、音/视频控制、SD 卡回放。
（4）文件管理：本地视频和图片、文件导出、文件分享。
（5）本地配置：云台转速、流量统计、消息提示、免打扰。
（6）账户管理：账户注册、登录、信息修改、同步 EZView 云账号。
（7）分享功能：设置分享用户、时间段、有效期、权限。
（8）报警管理：报警上报、回放查看。
（9）语音对讲：开启语音对讲按钮即可通话，无须拨号，双向语音，清晰无卡顿。
（10）云台控制：变倍、聚焦、多方向，转动灵敏又顺畅。

3）智 U 移动客户端应用场景

移动客户端是移动互联网、物联网最便捷的入口之一，手机上实现对监控系统的实况、回放和报警等业务的管理是大势所趋。宇视移动客户端适合酒店、幼儿园、餐厅、商超、专卖店、4S 店、健身房等各种应用场景。

5．EZPlayer

1）EZPlayer 概述

EZPlayer 是一款视频播放器，主要用于播放本地录像文件或网络视频流。它支持.ts、.mp4 及 SD 卡视频格式播放、录像同步播放、水印检测、抓拍及剪辑，可选择 1/4/9/16 分屏等功能，还提供视频文件的水印检测功能。

2）EZPlayer 下载路径

可通过宇视官网的服务与培训的下载中心下载 EZPlayer 视频播放器。其下载界面如图 4-77 所示。

图 4-77　EZPlayer 视频播放器下载界面

4.2　系统基本功能操作

4.2.1　预览视频图像

视频显示系统负责视频图像预览，常见设备有监视器、电视机、显示器、大屏、解码器、PC 等。视频图像的显示预览通常支持工程宝预览、NVR 端配监视器预览、浏览器预览（PC 端）、移动监控客户端 App 预览、平台软件预览、解码拼控大屏预览等方式。

1．工程宝预览

视频监控系统前端调试图像的预览可采用工程宝进行，即通过网线进行连接，在工程宝上获取设备，从而调出图像。工程宝与摄像机连接如图 4-78 所示。

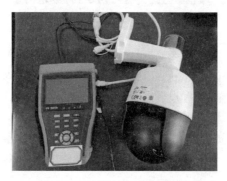

图 4-78　工程宝与摄像机连接

开启工程宝电源，选择 IPC 测试，进入 IPC 一键测试界面后开启 ONVIF 协议，其测试如图 4-79 所示。

图 4-79　工程宝测试

工程宝自动识别接入的 IPC 的 IP 地址，选择该摄像机上方的登录用户名，输入密码后即可预览实时画面，如图 4-80 所示。

图 4-80　登录摄像机

2．NVR 端配监视器预览

网络视频录像机（Network Video Recorder，NVR），可以实现视频采集和视频存储的分离，可在网络中任意位置接入设备，设备和存储容量可扩展性佳，目前主流的有 IP SAN 和 NAS 两种类型。

NVR 端配置监视器预览架构图如图 4-81 所示，通过监视器可预览画面，如图 4-82 所示。可通过 NVR 对获取的多路图像信号进行通道配置，如图 4-83 所示。

3．浏览器预览

浏览器预览即 IPC 连接 PC，通过浏览器访问摄像机 IP 地址获得实时图像。其架构图如图 4-84 所示。通过浏览器输入 IPC（网络摄像机）的 IP 地址，登录设备后，单击左下方的运行按钮，即可预览画面，结果如图 4-85 所示。

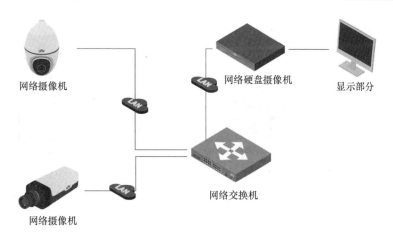

图 4-81　NVR 端配置监视器预览架构图

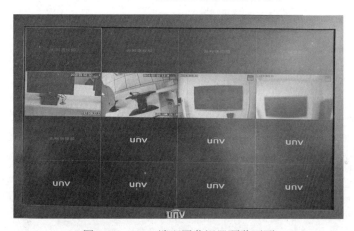

图 4-82　NVR 端配置监视器预览画面

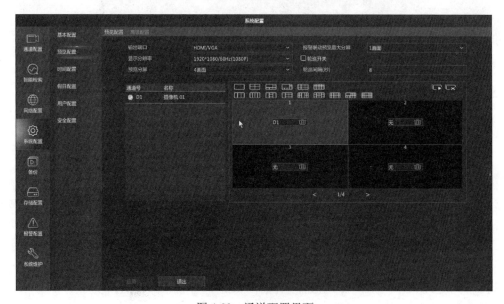

图 4-83　通道配置界面

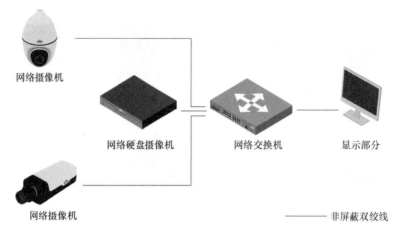

图 4-84　浏览器预览架构图

图 4-85　浏览器预览画面

4．移动监控客户端 App 预览

可通过下载对应的免费客户端软件进行监控画面预览，如宇视的 EZView 和智 U 客户端软件。

1）EZView 软件实现画面预览

EZView 软件主要针对中型商业或企业用户，通过网络直接接入宇视视频监控产品，实现在移动终端上查看实况、回放录像、云台控制、语音对讲、报警消息接收、管理云端设备等业务。

使用手机下载安装 EZView 软件后，可在手机端显示其图标，单击后显示其首页如图 4-86 所示。单击左上角的，显示如图 4-87 所示的下拉菜单。在下拉菜单中单击【设备管理】命令，弹出如图 4-88（a）所示的界面，单击【+添加】按钮后出现如图 4-88（b）所示的四种添加设备方式，按照设备提示即可完成摄像机的添加。

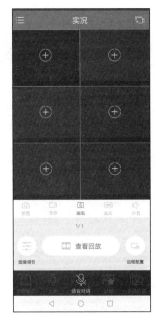

图 4-86 EZView 首页

图 4-87 EZView 下拉菜单

（a）设备添加界面

（b）设备添加方式

图 4-88 设备添加

在 EZView 软件中可以选择如下几种方式添加设备。

（1）免注册添加设备。

不用注册云账号，通过扫描设备机身上的二维码添加。设备上必须先开启免注册添加功能并设置强密码，如图 4-89 所示。添加成功后只能使用实况、回放、报警和远程配置功能。

图 4-89　免注册添加设备

（2）扫一扫。

扫描设备机身上的二维码添加设备，必须先登录云账号。

（3）手动添加。

选择以 IP/Domain 或 EZDDNS（私有域名服务）的方式添加设备。采用局域网自动搜索，自动搜索与手机同一局域网的设备。

> **注意：**
>
> 手机和设备必须连接同一无线路由器。

（4）添加 Wi-Fi 设备。

通过 Wi-Fi 网络添加设备，可添加为本地设备或云端设备。本地设备只能在 Wi-Fi 网络中使用。

- AP 热点添加：在 App 上输入设备名称、Wi-Fi 密码等信息完成添加操作。提示添加成功后需等待一段时间，设备连接上线即可正常使用。若提示添加失败，则手动连接设备 Wi-Fi 或使用扫描二维码的方式添加设备。注意，只有当 Wi-Fi 设备和 App 均支持 AP 模式才能使用 AP 模式添加设备。
- 设备扫码添加：在 App 上输入设备名称、Wi-Fi 密码等信息后生成二维码，然后用摄像机扫描手机屏幕上的二维码完成添加操作。提示添加成功后需等待一段时间，设备连接上线即可正常使用。

设备添加成功后，选择实况窗口，即可实时预览图像，方法如下。

方法 1：单击窗格中的 ⊕，选择摄像机。

方法 2：单击右上角的 ▣，选择 NVR 或摄像机，单击【开始实况】按钮。

2）智 U 软件实现画面预览

智 U 软件主要针对小型商业或企业用户，通过该 App 连接宇视视频监控产品，实现在移动终端上查看实况、回放录像、云台控制、语音对讲、分享设备、报警消息接收、文件管理等业务。

使用手机下载安装智 U 软件后，可在手机端显示其图标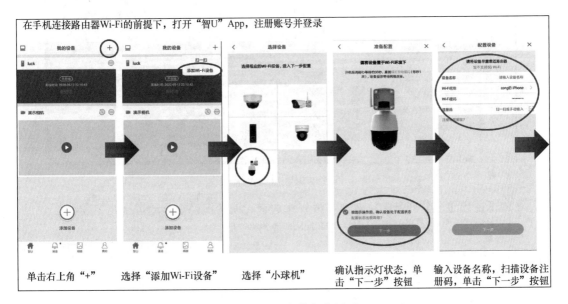，单击后其操作界面如图 4-90 所示。单击右上角的【+】按钮，选择【添加 Wi-Fi 设备】选项，选择对应设备后，进行网络配置，使手机和设备处于同一个网络中，完成设备添加。设备添加完成后，单击【我的设备】按钮，即可获得实时预览画面。

图 4-90 智 U 软件操作界面

5. 平台软件预览

通过 VMS-B200 平台可获取实时图像。

1）IPC 或 NVR 的添加

在 VMS-B200 完成 IPC 或 NVR 的添加。单击左侧树状结构显示当前节点及其子节点包含的设备。编码设备包括 IPC、编码器、NVR 等。根据需要，选择合适的方式添加编码设备。

（1）单击【自动搜索】按钮：搜索本网段设备进行添加。选择 ONVIF 协议或国标协议。使用 ONVIF 协议搜索时可指定搜索网段。单击 ➕ 添加搜索到的设备。ONVIF 协议支持批量添加。

（2）单击【精确添加】按钮：选择协议类型，输入设备详细信息后单击【确定】按钮。如果添加了从一体机（也叫从机或从服务器），则可选择当前编码设备的所属服务器。

> **注意：**
>
> 用私有协议或 ONVIF 协议添加设备时，默认端口号为 80。

2）实时预览

选择以视频通道或视图为单位启动实况，如图 4-91 所示。播放视图前，要先完成视图配置。

图 4-91　启动实况

（1）【视频通道】列表中：双击在线视频通道，或者拖动视频通道至指定窗格。

（2）【视图】列表中：单击对应视图的播放按钮 ▶ 。

3）实况操作

在实况窗格中右击，弹出快捷菜单，单击相应选项即可进行实况相关操作，包括播放比例、最大化、全屏、数字放大、即时回放、语音对讲、抓图、本地录像等。把鼠标指针移至实况窗格左下角，会弹出浮动框，单击相应按钮，同样可以进行抓图、本地录像、数字放大、语音对讲、即时回放、中心录像、本地录像等操作，如图 4-92 所示。

> **注意：**
>
> （1）实况操作前，可单击■设置分屏（窗格数量和布局）。通过保存视图，可将当前视频通道与窗格间的对应关系保存下来，使选定视频通道的实况画面只在指定窗格中播放。
>
> （2）右击在线视频通道后，可选择实况使用的码流类型（主流、辅流、第三流等，具体选项与视频通道有关）。
>
> （3）在搜索框中输入关键字，可快速查找所需的视频通道或视图。
>
> （4）单击窗格右上角的关闭按钮将关闭当前窗格的实况。单击底部工具栏中的■将关闭所有窗格的实况。
>
> （5）即时回放优先播放中心录像，其次是设备录像，最后是备份录像。

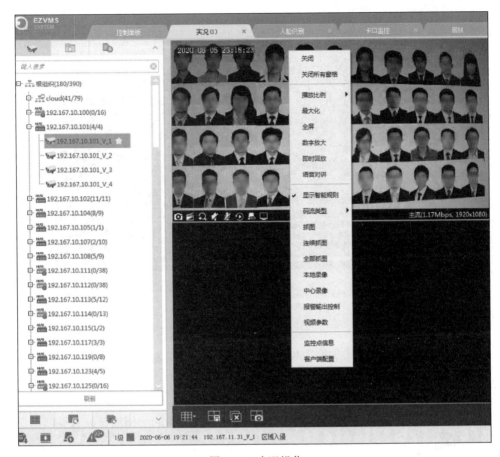

图 4-92 实况操作

6. 解码拼控大屏预览

通过 VMS-B200 平台可实现电视墙实时预览功能。

1）电视墙操作配置

在客户端上完成电视墙配置后，可以将视频画面输出到物理电视墙屏幕上播放，包括实况、回放、轮巡、组轮巡、场景轮巡。根据创建时所绑定的解码设备的类型，电视墙分为解码器电视墙、拼控器电视墙和解码卡电视墙。解码器电视墙是指通过绑定解码设备（如内置解码器、解码卡等）的解码通道创建的电视墙；拼控器电视墙是指通过绑定拼控设备的解码通道创建的电视墙；解码卡电视墙是指通过绑定解码设备（解码卡）的解码通道创建的电视墙，能实现简单拼接。

2）解码器电视墙配置

首次打开电视墙页面时，单击 ┃ ＋ 电视墙 ┃；后续添加时，单击电视墙名称右侧的 ┃ ＋ ┃，然后选择添加解码器电视墙。电视墙实况操作界面如图 4-93 所示。

（1）输入电视墙名称。

（2）单击 ✎ ，设置电视墙规格。

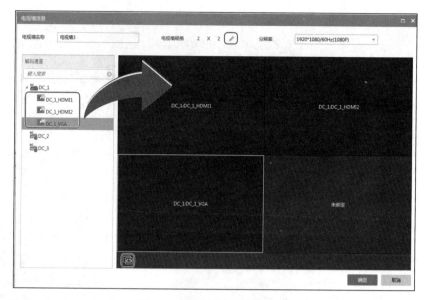

图 4-93　电视墙实况操作界面

（3）设置分辨率。

（4）将解码通道逐个拖至屏幕进行绑定。绑定成功后，左侧列表中的通道名称上出现绑定标志（），右侧屏幕中央显示绑定的解码通道的名称。没有绑定的屏幕上显示"未绑定"。

（5）若要取消某块屏幕的绑定关系，可单击屏幕右上角的关闭按钮。若要取消所有绑定，则单击 。

（6）单击【确定】按钮。

注意：

（1）设置的电视墙规格应与实际物理电视墙规格一致。

（2）在左侧解码通道中，DC_1 是一体机自带的内置解码器，包含 3 个解码通道：HDMI1、HDMI2 和 VGA。

（3）如果安装了解码卡（单独选购），则在解码通道列表中显示 DC_2 或 DC_3 下的解码通道。如图 4-94 所示的 DC_2 包含 6 个解码通道，支持 6 路 HDMI 输出。

图 4-94　解码通道

（4）解码通道列表中的 DC_2 对应安装在 SLOT0 槽位上的解码卡；DC_3 对应安装在 SLOT1 槽位上的解码卡。如果另外添加了解码器，则显示相应的解码设备和解码通道。

（5）一个解码通道只能绑定一次。

（6）解码卡可用于创建解码器电视墙和解码卡电视墙。但同时只能用于一种，即如果用于了解码器电视墙，就不能再用于解码卡电视墙；反之亦然。

3）拼控器电视墙配置

首次打开电视墙页面时，单击 ┃➕电视墙┃；后续添加时，单击电视墙名称右侧的 ┃➕▾┃，然后选择添加拼控器电视墙，如图 4-95 所示。

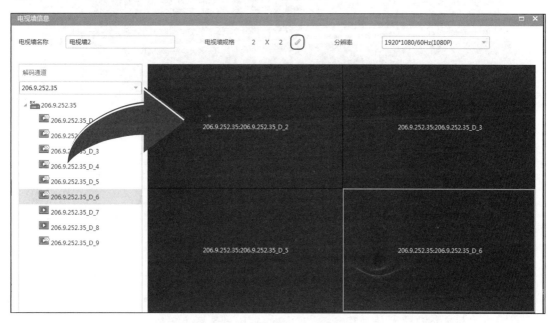

图 4-95　拼控器电视墙配置

（1）输入电视墙名称。

（2）单击 ✎，设置电视墙规格。

（3）选择拼控设备，出现解码通道。

（4）设置分辨率。

（5）将解码通道逐个拖至屏幕进行绑定。绑定成功后，左侧列表中的通道名称上出现绑定标志（🖼），右侧屏幕中央显示绑定的解码通道的名称。没有绑定的屏幕上显示"未绑定"。完成绑定后，若要取消某块屏幕的绑定关系，单击屏幕右上角的关闭按钮✖。若要取消所有绑定，单击 🔲。

（6）音频配置。

音频配置如图 4-96 所示。利用拼控设备的音频输出口，播放 Xware 电视墙某窗口/分屏中 IPC 的音频。仅由 ADU 和 ADU-E 创建的拼控器电视墙支持该功能。

图 4-96　音频配置

① 单击 ，选择音频通道。

② 单击某个窗口/分屏，然后单击 ；或者右击窗口/分屏，然后选择【音频】选项。这时窗口/分屏右上角显示音频图标，表示正在输出该窗口/分屏中 IPC 的音频。

③ 开启音频后， 按钮可用于调节输出音量或静音。

> **注意：**
>
> （1）设置的电视墙规格应与实际物理电视墙规格一致。
>
> （2）一个解码通道只能绑定一次。可通过鼠标拖曳，互换绑定的解码通道。
>
> （3）拼控器电视墙可在配置规格时，配置电视墙的小间距 LED。
>
> （4）拼控器电视墙支持屏幕控制，即用电箱控制屏幕的开关。
>
> （5）部分拼控设备支持批量开窗：单击开窗按钮 选择窗口数量。单击 关闭所有窗口。
>
> （6）部分拼控设备支持任意开窗，即在绑定解码通道区域的任意位置通过拖曳鼠标开窗：单击 ，按住鼠标左键并拖动，在屏幕上打开一个矩形窗口，单击 完成开窗。完成开窗后，可使用鼠标改变窗口位置或形状，或者单击 锁定。当多个窗口叠加时，使用置底按钮 使指定窗口始终显示在底层。单击 将使当前选中窗口铺满整个解码通道；新建窗口时，软件自动按顺序对窗口编号；调整窗口位置后，可单击 对窗口重新编号（顺序为从左到右，从上至下）。
>
> （7）部分拼控设备支持屏幕拼接功能：单击 ，在出现的窗口中，按住键盘上的 Ctrl 键，单击选中要拼接的屏幕，然后单击 。拼接完的屏幕显示成一块屏幕。可单击 取消拼接。
>
> （8）部分拼控设备支持屏幕双击放大功能。再次双击还原。

4）解码卡电视墙配置

首次打开电视墙页面时，单击 ▭ ，选择解码卡电视墙；后续添加时，单击电视墙名称右侧的 ▭ ，然后选择添加解码卡电视墙。

解码卡电视墙的添加步骤和拼控器电视墙一致。

> **注意：**
>
> 解码卡电视墙支持屏幕拼接功能：单击 ▦ ，在出现的窗口中，按住键盘上的 Ctrl 键，单击选中要拼接的屏幕，然后单击 ▭ 。拼接后显示为一块屏幕。可单击 ▦ 取消拼接。

5）电视墙上播放实况

（1）在电视墙页面中选择电视墙。

（2）若要在一块屏幕上同时播放多台摄像机的画面，可对该屏幕分屏：单击选中该屏幕，然后根据需要，单击分屏按钮 ▦▦▦▭ ，如四分屏，如图 4-97 所示。

（3）上墙开始前，鼠标指针移至左侧资源树通道的 ◉ 图标上，如图 4-98 所示，可对该通道进行上墙前预览。

（4）播放实况：将摄像机拖至指定屏幕。如图 4-99 所示。上墙成功后，屏幕颜色发生变化，屏幕右上角出现上墙符号 ▣ ，屏幕中央显示视频通道名称。

上墙开始后可以查看实况：右击屏幕（或分屏），在弹出的快捷菜单中选择预览选项。当前屏幕（或分屏）播放实况。也可以查看回放：单击屏幕（或分屏），然后单击 回放 。在弹出的窗口中查询播放录像。

图 4-97　电视墙上播放实况（四分屏）

图 4-98　电视墙上播放实况（上墙前预览）

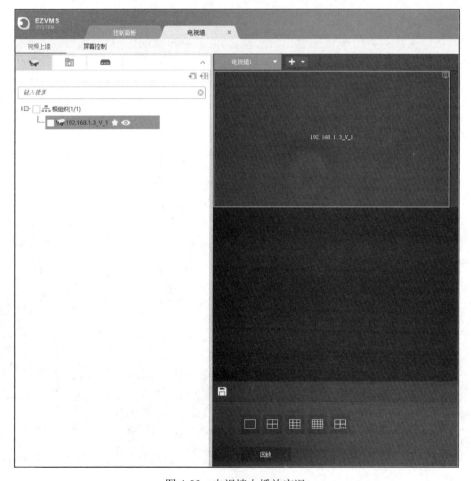

图 4-99　电视墙上播放实况

4.2.2 切换视频画面

视频画面切换一般有以下几种方式。

1. 视频切换器

视频切换器（简称切换器）是将几路视频信号输入，通过对其控制，选择其中一路视频信号输出的设备。在多路摄像机组成的电视监控系统中，多路视频信号要送到同一处监控，可以一路视频对应一台监视器，但监视器占地大，价格贵，成本较高，操作不方便，容易造成混乱，如果不要求时时刻刻监控，则可以在监控室增设一台切换器，把摄像机输出信号接到切换器的输入端，切换器的输出端接监视器，切换器的输入端分为 2、4、6、8、12、16 路，输出端分为单路和双路，而且还可以同步切换音频。切换器多采用由集成电路做成的模拟开关。这种形式切换控制方便，便于组成矩阵切换形式。切换器的价格便宜，连接简单，操作方便，但在一个时间段内只能看输入中的一个图像。

切换器从多路视频信号中选择切换任一路或几路视频信号输出，把摄像机输出信号接到切换器的输入端，切换器的输出端接监视器。切换器主要有以下几种。

（1）n 选 1 切换器：从 n 路视频信号中任选出一路进行显示或录制。

（2）n 选 m 切换器（$m<n$）：从 n 路视频信号中任选两路以上信号进行显示或录制，由矩阵切换开关电路实现，所以又称为矩阵切换器。

（3）微机视频切换器：切换器内置微处理器（CPU），通过键盘实现切换控制，并能处理多路键盘控制切换时的优先级。

切换器有手动切换、自动切换两种工作方式。手动切换方式是想看哪一路就把开关拨到哪一路；自动切换方式是让预设的视频按顺序延时切换，切换时间通过一个旋钮调节，一般为 1～35 s。切换器的价格便宜、连接简单、操作方便，但在一个时间段内只能看输入中的一个图像。要在一台监视器上同时观看多个摄像机图像，就需要用画面分割器。

2. 画面分割器

将多个摄像机摄取的画面同时显示在一个监视器显示屏幕上的不同位置。画面分割器有四分割、九分割、十六分割几种，可以在一台监视器上同时显示 4、9、16 个摄像机的图像，也可以送到录像机上记录。四分割分割器是最常用的设备之一，其性能价格比也较好，图像的质量和连续性可以满足大部分要求。九分割和十六分割分割器价格较贵，而且分割后每路图像的分辨率和连续性都会下降，录像效果不好。另外还有六分割、八分割、双四分割设备，但图像比率、清晰度、连续性并不理想，市场使用率很小。大部分分割器除可以同时显示图像外，也可以显示单幅画面，可以叠加时间和字符，设置自动切换，连接报警器材等。

3. 管理控制系统

DVR、NVR 等主控设备负责完成图像切换、系统管理、云台镜头控制、报警联动等功能，是视频监控系统的核心。目前市场上基本已经将前述的视频切换器、画面分割器等功能集成在管理控制设备内。通过网络（或同轴电缆）接入前端各路摄像机信号，在NVR（或 NVR 端）配置显示器后，即可实现多路视频的切换、分屏与轮巡设置。

以 NVR 连接显示器实现视频画面切换为列，通过显示器进入人机界面，首次登录会有安全向导，可一键添加 IPC、自动输出图像、自动存储，若需调整图像位置，可使用鼠标左键直接拖曳。

4.2.3 控制云台设备

传统云台可以承载摄像机、镜头、防护罩及其配件，一般可分为水平旋转云台和全方位云台。全方位云台又称万向云台，其台面既可以水平转动，又可以垂直转动，因此，可以带动摄像机在三维立体空间全方位监视；水平旋转云台仅可进行水平方向的旋转。

对云台的控制，一般结合前端解码器使用，解码器的主要作用是接收控制中心系统主机（或控制器）送来的编码控制信号，并加以解码，转换成控制命令控制摄像机及其辅助设备的各种动作，如控制云台的上、下、左、右旋转，变焦镜头的变焦、聚焦、光圈，以及对防护罩雨刷器、摄像机电源、灯光等设备的控制，还可以提供若干个辅助功能开关，以满足不同用户的实际需要。随着集成技术的发展，传统云台与解码器基本已被集成到摄像机内部。云台的控制可由 DVR、NVR、监控键盘、管理软件等方式实现，可控制云台向各个方向转动，可调节转速；可调节变倍、聚焦、光圈效果；可同时设置多个预置位和巡航功能等，巡航功能包括预置位巡航和轨迹巡航；同时还有照明开关、雨刷开关、加热开关、除雪模式开关，便于摄像机应对室内外各种恶劣的环境。

4.2.4 回放历史录像

视频监控系统里的录像记录、录像查询及回放对事后取证意义重大，一般实现该功能可由 NVR 等存储设备完成。在使用 NVR 进行回放时，回放支持通道、日期任意切换选择；支持标签、事件等特殊标记；支持倍速、30 s 进退、单帧进退等功能，如图 4-100 所示。

图 4-100　回放历史录像功能

4.3　系统基本功能配置操作

NVR 最主要的功能是通过网络接收 IPC（网络摄像机）、DVS（视频编码器）等设备传输的数字视频码流，并且进行存储、管理，兼容各厂家不同数字设备的编码格式，从而实现网络化带来的分布架构、组件化接入的优势。通过 NVR 可以同时观看、浏览、回放、管理、存储多个 IPC。

系统基本功能配置包括设备网络配置、前端摄像机添加、图像字符叠加、系统时间设置、录像存储配置等。在功能配置之前，首先要保证系统内部局域网络通畅，否则无法完成 NVR 正常添加前端摄像机。

4.3.1　NVR 添加搜索设备

NVR 添加搜索设备的途径有多种：快速添加 IP 通道、指定网段添加 IP 通道、手动添加 IP 通道等。快速添加 IP 通道是在局域网内，一键添加在线的 IPC 自动加入剩余通道。指定网段添加 IP 通道在选择所需网段下，查找所要的 IPC，查到后快速添加，同时可多个通道一并选择添加。手动添加 IP 通道根据要添加的 IPC 输入相应的信息，添加到相应的通道。

1．快速添加 IP 通道

在实况预览界面，右击后选择【添加 IP 通道】选项添加摄像机，进入 "IP 通道" 界面添加 IP 通道，如图 4-101 所示。

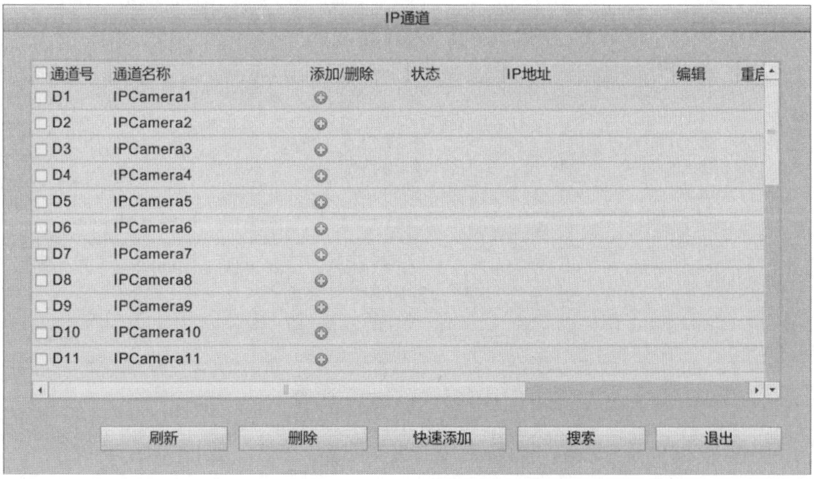

图 4-101　"IP 通道" 界面

单击【快速添加】按钮，与设备网络互通的 IPC 就会被自动添加。

在 "IP 通道" 界面中，查看连接状态。绿色表示设备在线，灰色表示设备不在线，如图 4-102 所示。

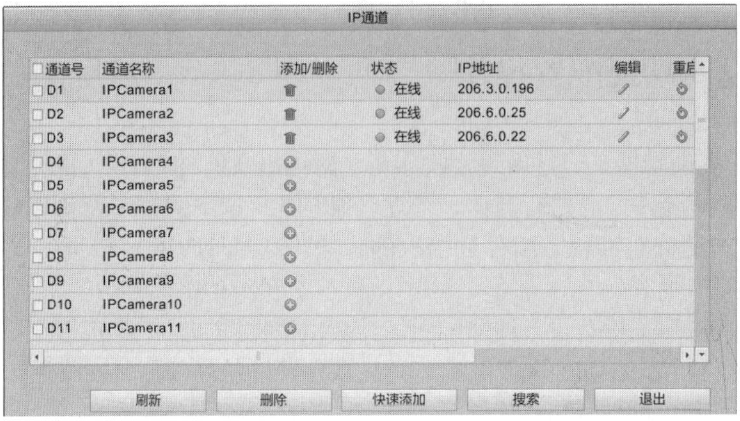

图 4-102　设备连接状态

注意：

用户还可以单击【主菜单】命令，选择【通道配置】下的【IP 通道】选项，进入 IP 通道界面，单击【快速添加】按钮，实现快速添加 IP 通道。

---

2. 搜索添加 IP 通道

在实况预览界面，右击后选择【添加 IP 通道】选项，进入"IP 通道"界面。

单击【搜索】按钮，进入"添加 IP 通道"界面，如图 4-103 所示，进入该界面时默认执行一次快速搜索。

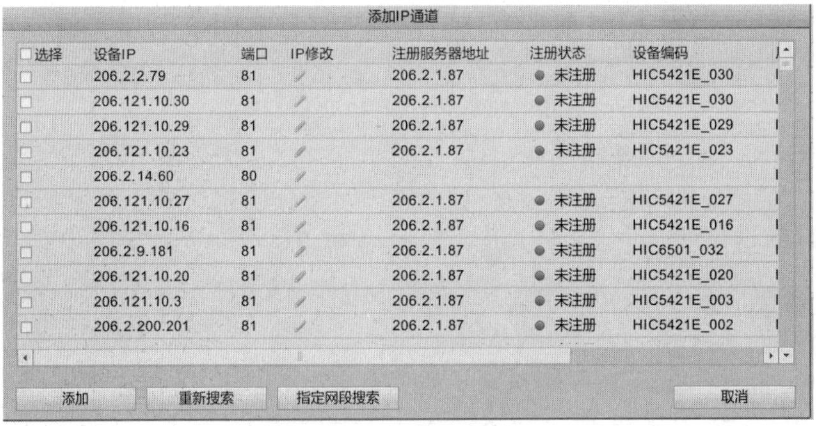

图 4-103　添加 IP 通道

单击【指定网段搜索】按钮，可以指定网段搜索 IPC，如图 4-104 所示。

图 4-104　网段搜索

添加 IPC，选择一个 IPC，单击【添加】按钮，进入"添加 IP 通道"界面，如图 4-105 所示，单击【添加】按钮，IPC 将被添加到 NVR 上。

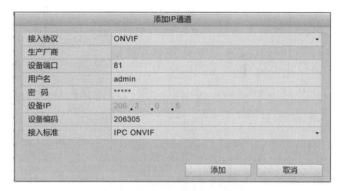

图 4-105　添加 IPC

选择多个 IPC，单击【添加】按钮，进入"添加 IP 通道"界面，如图 4-106 所示。单击【确定】按钮，IPC 将被添加到设备上。

图 4-106　多个 IPC 添加 IP 通道

在"IP 通道"界面中，查看连接状态，如图 4-107 所示。

通道号	通道名称	添加/删除	状态	IP地址	编辑	重启
D1	IPCamera1	🗑	在线	206.3.0.196	✏	↻
D2	IPCamera2	🗑	在线	206.6.0.25	✏	↻
D3	IPCamera3	🗑	在线	206.6.0.22	✏	↻
D4	IPCamera4	⊕				
D5	IPCamera5	⊕				
D6	IPCamera6	⊕				
D7	IPCamera7	⊕				
D8	IPCamera8	⊕				
D9	IPCamera9	⊕				
D10	IPCamera10	⊕				
D11	IPCamera11	⊕				

刷新　　删除　　快速添加　　搜索　　退出

图 4-107　IP 通道状态

在默认情况下，搜索到的所有 IPC（包括 ONVIF 协议接入）能被添加到设备中。如果"状态"为"在线"，则表明添加成功；否则应检查网络或 IPC 用户名、密码等信息是否正确。

> **注意：**
>
> 用户还可以单击【主菜单】命令，选择【通道配置】下的【IP 通道】选项，进入"IP 通道"界面，单击【搜索】按钮实现搜索添加 IP 通道。
>
> 通过【搜索】按钮能快速搜索出设备路由可达的 IPC，也可以通过【指定网段搜索】按钮来添加不同网段下的 IPC。
>
> 若通过 ONVIF 协议添加的 IPC 未上线，则可以选择相应的通道，单击【编辑】按钮，进入添加/修改界面，修改为 IPC 实际的用户名和密码。

3. 手动添加 IP 通道

在预览状态下，对于未添加 IP 设备的窗格，单击其中间的⊕，进入"添加 IP 通道"界面，选中待添加的 IP 设备，单击【确定】按钮，即可实现快速添加 IP 设备，如图 4-108 所示。

图 4-108　添加 IP 通道

单击【主菜单】命令，选择【通道配置】下的【通道管理】选项，进入"IP 通道"界面，可查看通道添加的状态，并做删除操作。如图 4-109 所示。

图 4-109　IP 通道

选择设备接入协议类型，并且编辑相应参数，配置完成后，单击【确定】按钮。

> **注意：**
>
> 不同接入协议的 IPC 添加/修改时的选项是不一样的，以具体 IPC 设备为准。

在"IP 通道"界面中，查看连接状态。

> **注意：**
>
> 用户还可以单击【主菜单】命令，选择【通道配置】下的【IP 通道】选项，进入"IP 通道"界面，单击➕，实现手动添加 IP 通道。

4.3.2 字符叠加配置

图像字符叠加，主要是设置图像名称，以方便预览时快速确定图像位置。OSD 是"On Screen Display"的缩写，本地预览的 OSD 主要包括时间和通道名称的显示。操作步骤如下。

单击【主菜单】命令，选择【通道配置】下的【OSD 配置】选项，进入"OSD 配置"界面，如图 4-110 所示。

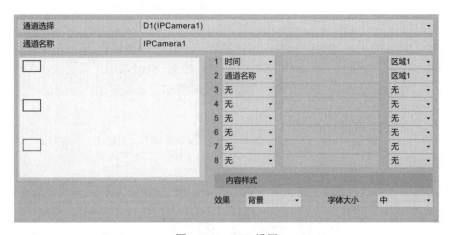

图 4-110　OSD 设置

选择通道，对该通道进行 OSD 设置。

OSD 内容包括摄像机名称、时间及显示区域、字体效果和字体大小等。

设置完成后，单击【应用】按钮，完成操作。

4.3.3 时间同步配置

视频监控系统是指综合应用音/视频监控、通信、计算机网络等技术监视设防区域，并且实时显示、记录现场图像的电子系统或网络。系统可以在非常事件突发时，及时地将叠加有时间、地点等信息内容的现场情况记录下来，以便重放时分析调查，并且作为具有法律效力的重要证据，这样既提高了安保人员处警的准确性，也可为公安人员迅速破案提供有力证据。但视频监控系统经常出现显示时间不正确的问题，使系统提供的数字证据大打折扣。

视频监控系统作为取证设备，对于时间准确性很重要，一旦存在时间偏差就会造成很多麻烦，如录像查询不到，取证没有说服力等。所以系统安装完毕后，一定要对系统时间进行校正。

配置系统时间与 NTP 服务器同步操作如下。

（1）单击【主菜单】命令，选择【系统配置】下的【时间同步】选项，进入"时间同步"界面。

（2）启动时间同步，并且配置 NTP 服务器 IP，如图 4-111 所示。

时间同步	□启动
NTP服务器IP	． ． ．

图 4-111　NTP 服务器 IP

NTP（Network Time Protocol）服务器是用来使计算机时间同步化的一种协议，它可以使计算机对其服务器或时钟源做同步化，可以提供高精准度的时间校正。

录像机也可以通过 NTP 服务器进行校时，一般有以下两种情况。

第一种，自建 NTP 服务器，一般有设置网络时间服务器地址的选项，填上即可，自动同步。

第二种，设备如果连接到广域网，可以通过国家校时服务器校正，中国国家授时中心 NTP 服务器地址是 "ntp.ntsc.ac.cn"，NTP 端口为 123。也可以用上海交大 NTP 服务器地址 202.120.2.101。公网 NTP 服务器也可以尝试校时测试。

4.3.4　录像存储计划配置

1．手动录像

对通道的音/视频数据进行手动录像（非计划录像和报警联动录像），并且存储到硬盘中。

方法一：

进入预览画面，选中待录像的窗格，单击 ![图标]，该通道就开始录像。若需要停止手动录像，则单击 ![图标]。

方法二：

单击【主菜单】命令，选择【手动操作】下的【手动录像】选项，进入"手动录像"界面，如图 4-112 所示，勾选需启动手动录像的通道，单击【启动录像】按钮，对应通道就开始录像。若需要停止手动录像，则单击【停止录像】按钮，对应通道就停止录像。

2．计划录像

为摄像机编制存储计划，使其按指定时间进行计划录像（非手动录像和报警联动录像）。若某个通道的存储计划已经停止，则可以按下面步骤重新启动存储计划。

图 4-112　手动录像

注意：

默认的存储密码为 123456。

启动存储计划，单击【主菜单】命令，选择【存储配置】下的【计划配置】选项，进入"计划配置"界面，如图 4-113 所示。选中需要启动存储计划的通道，勾选【启用】复选框，该通道重新按计划进行存储。

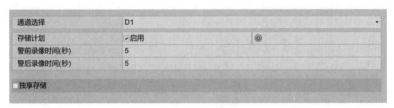

图 4-113　计划配置

录像存储有两种模式。

独享存储：表示需要划分独享的区域用来存储通道录像，独享存储模式下需要配置通道独享的容量或天数。

共享存储：表示与其他通道共享存储资源。若不勾选【独享存储】复选框即为共享存储。

单击 ◎ 进入"存储计划"界面，配置常规和例外存储计划，如图 4-114 所示。

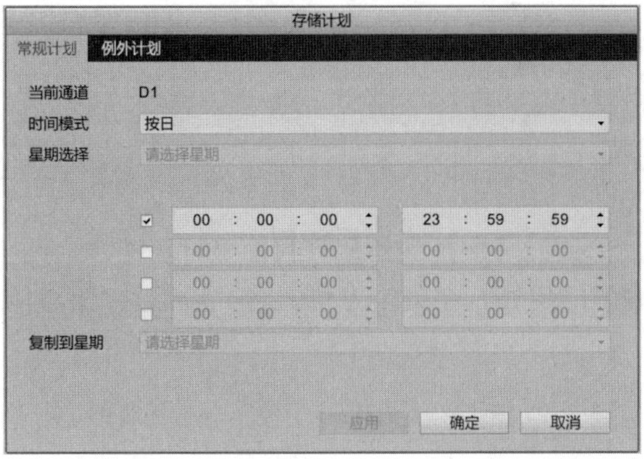

图 4-114　存储计划

注意：

系统默认全天录像。

停止存储计划只需选择相应的通道，将存储计划的【启用】复选框取消勾选。

在例外计划当天，将只执行例外时间段的存储计划，其他日期则按常规计划进行。

设备默认启动所有通道 24 小时的录像存储计划，并且默认采用共享存储模式。

设备启动录像的优先级依次为：手动录像、报警录像、智能侦测录像、运动检测联动录像、计划录像。

3．查看录像状态

单击【主菜单】命令，选择【系统维护】下的【系统信息】选项，进入"录像状态"界面，如图 4-115 所示。

通道名称	类型	状态	码流类型	帧率(fps)	码率(Kbps)	分辨率
摄像机01	计划	● 录像中	主码流	25	2048	720X576(D1)
摄像机02	动检	● 录像中	主码流	25	2048	720X576(D1)
摄像机03	计划	● 录像中	主码流	25	1024	352X288(CIF)
摄像机04	手动	● 录像中	主码流	25	2048	720X576(D1)
摄像机05	计划	● 录像中	主码流	25	2048	720X576(D1)
摄像机06	计划	● 录像中	主码流	25	2048	720X576(D1)
摄像机07	计划	● 录像中	主码流	25	2048	720X576(D1)
摄像机08	动检	● 录像中	主码流	25	2048	720X576(D1)
IPCamera9	计划	● 录像中	主码流	25	4096	1920X1080(1080P)
IPCamera10	计划	● 录像中	主码流	25	4096	1920X1080(1080P)
IPCamera12	计划	● 录像中	主码流	12	2048	2592X2048
IPCamera13	计划	● 录像中	主码流	30	2048	1920X1080(1080P)
IPCamera14	计划	● 录像中	主码流	12	2048	2592X2048

图 4-115　录像状态

4.4　系统扩展功能调试

4.4.1　云台预置位配置

1．云台的种类

1）按使用环境分类

室内型和室外型，其主要区别是室外型密封性能好，防水、防尘，负载大。为了防止驱动电机遭受雨水或潮湿的侵蚀，室外全方位云台一般都具有密封防雨功能。

2）按安装方式分类

侧装和吊装，就是把云台安装在天花板上还是安装在墙壁上。

3）按外形分类

普通型和球形，球形云台是把云台安置在一个半球形、球形防护罩中，除防止灰尘干扰图像外，还隐蔽、美观、快速。

4）按云台工作方式分类

固定云台和电动云台。固定云台适用于监视范围不大的情况，在固定云台上安装好摄像机后可调整摄像机的水平和俯仰的角度，达到最佳的工作姿态后只要锁定调整机构就可以了。电动云台适用于对大范围进行扫描监视，它可以扩大摄像机的监控范围。

5）按转动方向分类

水平旋转云台和全方位云台。全方位云台又称万向云台，其台面既可以水平转动，又可以垂直转动。全方位云台内装有两个电动机，一个负责水平方向的转动，另一个负责垂直方向的转动。水平转动的角度一般为 350°，垂直转动则有±45°、±35°、±75°等多种角度可供选择。水平旋转云台仅可进行水平方向的旋转。

6）按供电方式分类

云台按供电方式分类有交流 24 V 和交流 220 V 两种，因此，可以带动摄像机在三维立体空间全方位监视。

2．设置预置位

（1）使用 EZStation 软件登录摄像头（初始账户为 admin，密码为 123456），其登录界面如图 4-116 所示。

图 4-116　EZStation 软件登录界面

（2）登录后通过软件界面可以看到多项功能选择，如图 4-117 所示。

图 4-117　EZStation 软件界面

（3）进入设备管理界面，添加在线设备，如图 4-118 和图 4-119 所示。

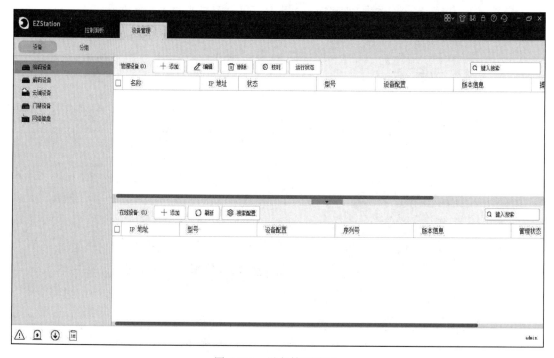

图 4-118　设备管理界面

图 4-119　设备添加界面

（4）设备添加完成后，单击设备面板，进入实况界面，如图 4-120 所示。

图 4-120　实况界面

（5）单击要编辑的摄像头，使用轮盘调整摄像头位置，单击【+】按钮添加预置位，如图 4-121 所示。

图 4-121　预置位设置

（6）调整画面，用图中方向按钮和聚焦按钮调整画面到合适的位置；设置预置位，单击预置位设置按钮，第一个预置位就设置成功；单击查看预置位按钮，摄像头自动找到并停止在该预置位；单击图中删除预置位按钮，删除对应的预置位。添加预置位以此类推，如图 4-122 所示。

图 4-122　预置位调用界面

4.4.2　视频巡航、轮切功能配置

1．巡航路线

巡航路线是指云台摄像机在预置位之间转动的路线，可以设置云台在每个预置位的停留时间。每个云台摄像机可以设置多个巡航路线。

2．巡航动作

巡航动作包括可设置转到预置位及其停留时间；可设置转动方向、变倍、速度、持续时间和停留时间，或者一直转动；可以转动云台的方向、调整镜头的倍数等。系统会记录每个运动轨迹参数，并且自动添加到动作列表中。

3．配置视频巡航和轮切功能

（1）设置视频巡航，单击【预置位】右端【巡航】按钮添加预置位设置，完成巡航后，单击【确定】按钮保存，如图 4-123、图 4-124 所示。

图 4-123　视频巡航设置

（2）设置视频轮切，进入轮巡资源，如图 4-125 所示。

图 4-124　视频巡航调用

图 4-125　轮巡资源

（3）单击【添加】按钮，添加选中的视频通道，如图 4-126 所示。

图 4-126 添加视频通道

（4）选择添加的通道，单击【确定】按钮，设置完成，如图 4-127 所示。

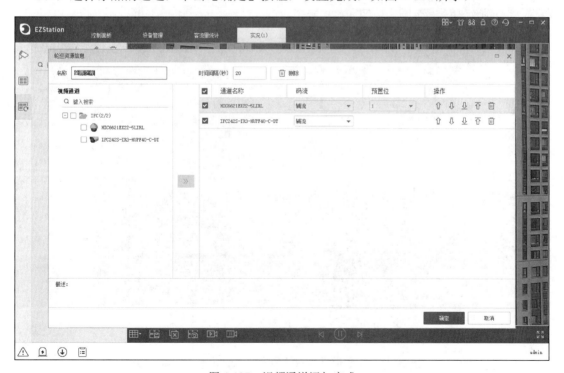

图 4-127 视频通道添加完成

（5）除上述云台配置方法外，还可以通过客户 Web 端访问摄像头 IP，进入 Web 界面进行云台操作。Web 端登录界面如图 4-128 所示。

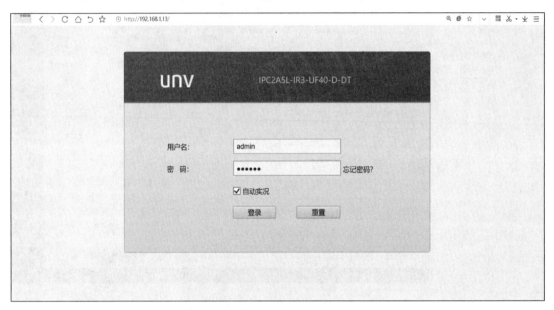

图 4-128　Web 端登录界面

（6）登录成功后可以在 Web 端看到通过 EZStation 保存的【预置位】及【巡航】配置，以及摄像头操作面板，如图 4-129 所示。

图 4-129　EZStation 保存的预置位及巡航界面

4.4.3　客流量统计基本智能业务配置与联动报警功能

随着智慧城市管理与服务的不断发展和探索，获取人员密集场所的客流数据，并且结合物联网技术和智能分析技术能够有效地对人员密集场所客流量进行检测和预警，减少人员密集场所管理与服务的压力。根据近年来提出的大数据的特征，人员密集场所的客流量数据明显具有大数据的客观性、现势性、动态性等特点。作为智慧城市中不可缺少的数据，如何方便、高效、精准地获取人员密集场所客流量数据就显得尤为重要了。同时，如何根据客流数据的特性，利用客流数据实现人员密集场所客流的有效监测与分析也在不断探索中。

1．客流量简介

所谓客流量是指单位时间进入某个场所的人数，是反应该场所人气和价值的重要指标。

客流量是旅客流动的数量。它在方向分布上是相对平衡的，因为旅客乘车一般是一往一返，由此产生客运上有往返车票。流量在时间分布上则很不均衡，但呈一定规律性。例如，节假日和旅游季节，消费性乘车显著增加；一日内的客流高峰是在上下班和上下学的时间。流向有上行与下行之别，一般以对应站点的位置来划分，如从重要城镇的站点往外行为上行，反向为下行。

2．客流量统计业务的应用

（1）客流量统计——有限出入口，开放空间，统计整体人流量。适用于商场、大型超市、酒店（住宿、婚庆）等人员密集场所。

（2）基于历史人流大数据的统计分析，可分析一天内、一周内、节假日人流量，进行服务人员预安排，智能应对客流高峰等问题。

例如：

① 超市在节假日按照历史人流量，聘请临时导购人员；

② 酒店按照不同时间段人流量推出打折促销活动等；

③ 商场按照历史高峰期得到紧急情况人员疏散建议，制定安全疏散策略；

④ 用于各区域客流量实时监测和客流量超过预值安全预警。

客户并不是在意人数的准确数字，而是变化趋势。

3．客流量统计方案

用户可以根据场景需要，选择指定的摄像机做客流量统计业务，根据场景特点选择合适的工作模式，启动智能任务后开始实时做客流量人数统计，统计结果记录在数据库中。

（1）设备接入配置。

NVR 添加人脸抓拍摄像机，如图 4-130 所示。

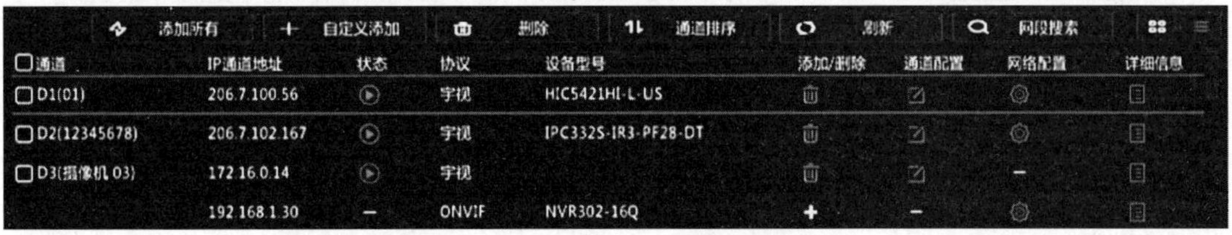

通道	IP通道地址	状态	协议	设备型号	添加/删除	通道配置	网络配置	详细信息
D1(01)	206.7.100.56	▶	宇视	HIC5421HI-L-US	🗑	✎	◎	📄
D2(12345678)	206.7.102.167	▶	宇视	IPC332S-IR3-PF28-DT	🗑	✎	◎	📄
D3(摄像机 03)	172.16.0.14	▶	宇视	—	🗑	✎	—	📄
	192.168.1.30	—	ONVIF	NVR302-16Q	+	—	◎	📄

图 4-130　NVR 添加人脸抓拍摄像机

单击【主菜单】命令，选择【通道配置】下的【通道管理】选项，进入"IP 通道"界面，添加摄像机。

> **注意：**
>
> 系统默认执行一次快速搜索。单击【刷新】按钮，系统自动搜索网络中的 IP 设备并刷新 IP 通道状态。

- 单击【添加所有】按钮，在不超过设备路数情况下，可以将搜索到的 IP 设备全部添加到 NVR 上。
- 单击【自定义添加】按钮，进入"自定义添加 IP 通道"界面。
- 切换列表，单击 ✚ 添加。

（2）功能配置。

① 选择通道，启用客流量检测和人肩标定。

> **注意：**
>
> 启用人肩标定后，只有肩宽超过指定宽度的人才会被识别。

② 鼠标单击【画线】按钮，在左侧区域绘制规则，可以针对该规则，设置方向和灵敏度，如图 4-131 所示。

图 4-131　功能配置

③ 开启【定时清零】功能会每天在自定义时间清零人数统计 OSD。【人数统计清零】按钮可以进行随时清零 OSD 操作。

> **注意：**
>
> 清零只影响客流量 OSD，不会影响最后的报表统计。

（3）客流量统计功能配置。

客流量统计功能可以检测监控区域的进出人数，如图 4-132 所示。

图 4-132 客流量统计功能配置

人数统计数据查询，支持按通道（地点）、时间、报表类型（日、周、月、年报表）统计查询。统计结果包含进入、离开和总人数三个数据，数据以柱状图显示统计结果，支持列表形式显示详细统计数据，统计数据支持导出到 Excel 表格。

（4）客流量功能上行对接。

EZStation 接入 NVR，然后进入 EZStation 设备管理手动或自动添加 NVR，如图 4-133所示。

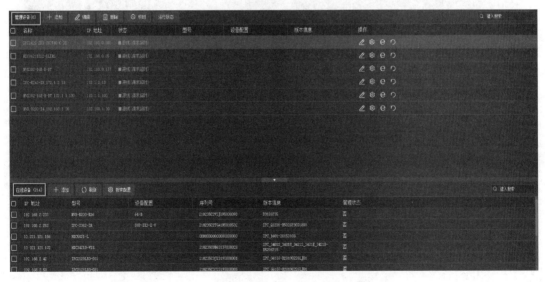

图 4-133 EZStation 设备管理手动或自动添加 NVR

打开 EZStation 控制面板——设备管理，可以自动搜索或手动添加 NVR 在线。

> **注意：**
> 关闭"客流量统计"页面或退出客户端都将关闭实况并停止客流量实时统计。

EZStation 客流量实时统计，打开控制面板，选择【客流量统计】下的【实时统计】选项。该功能需要监控点的配合：监控点必须支持客流量统计功能并通过 NVR 接入软件，如图 4-134 所示。

图 4-134　功能设置

勾选摄像机开启实时统计。勾选 NVR 或组织，则开启其下所有摄像机的实况统计功能。开启后，摄像机图标会发生变化（如 ✅ 🎥206.9.251.111_V_1 ）。

统计结果示例如图 4-135 所示。

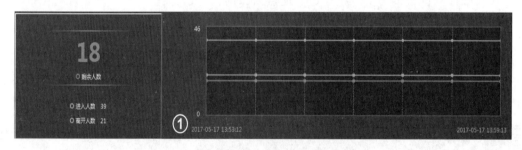

图 4-135　统计结果示例

（1）实时人数（左侧）：最近一次统计结果。如果选择了多台摄像机，则是总的统计结果。人数用三种颜色表示，分别对应右边坐标上的折线。

（2）最近 7 次统计结果（右侧坐标）：横坐标表示时间；纵坐标表示人数（最小 0 人，最大默认 10 人，可根据实际统计结果更新）。

EZStation 客流量历史记录检索，打开控制面板，选择【客流量统计】下的【报表统计】选项。可设置查询条件及统计结果的呈现方式，如图 4-136 所示，从而统计客流量记录。

单击【报表统计】选项。选择摄像机，设置查询条件及统计结果的呈现方式。

- 统计类型：☑进入人数 ■ ☑离开人数 ■ 。
- 线形图或柱状图：📈 📊 。

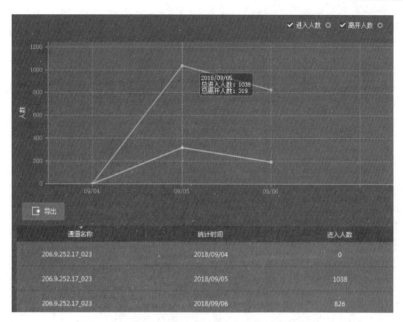

图 4-136　设置查询条件及统计结果的呈现方式

注意:

不同统计类型的最大时间跨度为 60 个时间单位。即，按月统计时，时间跨度最多为 60 个月；按天统计时，最多为 60 天，依次类推。

单击【统计】按钮，出现统计结果，如图 4-137 所示。

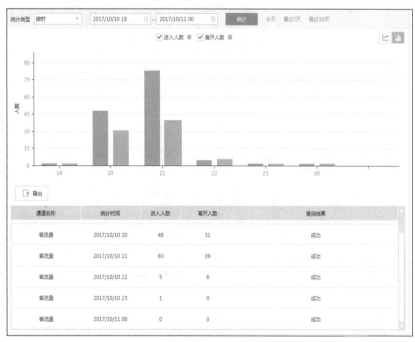

图 4-137　统计结果

将光标放在图上时，可查看某一时间点的统计信息，如图 4-138 所示。

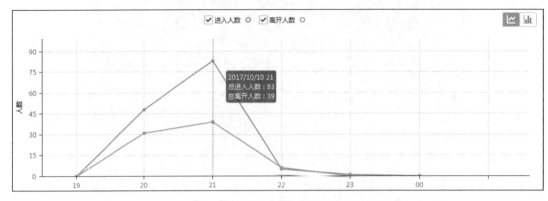

图 4-138　某一时间点的统计信息

单击【导出】按钮，将统计结果以 CSV 文件格式保存到计算机中，可用 Microsoft Office Excel 打开查看。

4．客流方案组网及效果展示

1）客流统计方案组网

一体机基于私有协议（宇视私有协议，LAPI），接入智能设备（普通的支持客流量的 NVR、客流量 IPC），接收客流量数据，满足统计客流量功能。客流统计方案组网如图 4-139 所示。

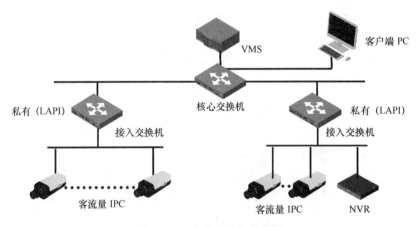

图 4-139　客流统计方案组网

> **注意：**
>
> VMS 仅做管理不做配置，若需正常使用智能业务，则需先完成 IPC/NVR 侧的智能相关配置，以客流统计为例，则需在设备侧配置好客流统计相关参数。

2）组网效果展示

客流量统计用于计算在指定时间段内进出特定区域的人数，包括进入人数、离开人数及总人数。而实时统计特性能够实时显示统计结果。支持多通道查询，通道类型可以是主机通道、从机通道，或者 NVR 下设备通道。

客流量统计作为智能监控功能之一，可通过一体机 C/S 客户端，每天不断地统计客流量信息。根据实际需求自定义时间查询某段时间内客流变化规律，或者实时监控客流量变化。组网效果展示如图 4-140 所示。

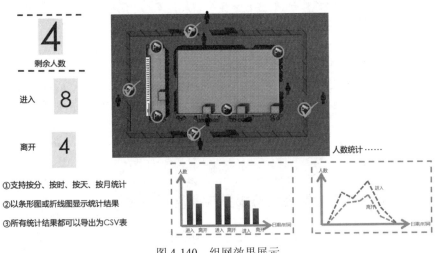

图 4-140　组网效果展示

3）客流统计方案业务使用

客流统计方案业务使用主要分为实时统计及报表统计两部分。

（1）实时统计。

勾选摄像机可开启实时统计。可以勾选单个 IPC、NVR 或组织，则开启其下所有摄像机的实况统计功能。开启后，摄像机图标会发生变化，多一个橙黄色标记。

实时统计效果如图 4-141 所示，左侧显示实时人数：显示最近一次的统计结果。如果选择了多台摄像机，则是总的统计结果。人数用三种颜色表示，分别对应右边坐标上的折线。

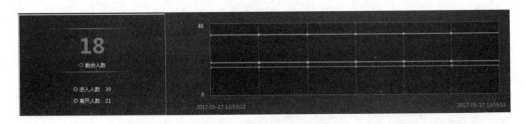

图 4-141　实时统计效果

右侧坐标折线：横坐标表示时间；纵坐标表示人数（根据实际统计结果更新）。

> **注意：**
> 同样，关闭"客流量统计"页面或退出客户端，客流量实时统计将会停止。

（2）报表统计。

单击【报表统计】选项。选择摄像机，在右侧选择：今天、最近 7 天、最近 30 天可直接查询；或者通过设置查询条件来查询并选择统计结果的呈现方式。

统计粒度：可以选择按时。

查询时间段：在日历上选择或在文本框中手动输入。

统计类型：☑进入人数 ☑离开人数 。

线形图或柱状图：〽️📊 。

> **注意：**
>
> 不同统计类型的最大时间跨度为 60 个时间单位。即按月统计时，时间跨度最多为 60 个月；按天统计时，最多为 60 天，依次类推。单击【统计】按钮，出现统计结果。

单击【导出】按钮，将统计结果以 CSV 文件格式保存到计算机中，可用 Microsoft Office Excel 打开查看。

4.4.4 人脸方案高级智能业务配置与联动报警功能

前面我们介绍了 NVR 产品智能业务的操作配置方法；同时，对相关的问题维护排查办法也进行了简单的介绍。

在本小节的以 VMS 为核心的人脸方案高级智能业务中，人脸方案是一项热门的计算机技术研究领域，它属于生物特征识别技术，以生物体（一般特指人）本身的生物特征来区分生物体个体。生物特征识别技术所研究的生物特征包括脸、指纹、手掌纹、虹膜、视网膜、声音（语音）、体形、个人习惯（如敲击键盘的力度和频率、签字）等，相应的识别技术就有人脸识别、指纹识别、掌纹识别、虹膜识别、视网膜识别、语音识别（用语音识别可以进行身份识别，也可以进行语音内容的识别，只有前者属于生物特征识别技术）、体形识别、键盘敲击识别、签字识别等。人脸方案如何配置？对应组网下一些常见问题的问题如何排查？

> **注意：**
>
> 以 VMS 为核心的智能业务组网方案，VMS 需要配合实现智能业务管理，必须确保其第一槽位硬盘在位，并且在首次使用智能业务时会提示需要格式化硬盘。

1. 人脸识别定义

人脸识别的英文名称是 Human Face Recognition。人脸识别产品利用 AVS03A 图像处理器；可以对人脸明暗侦测，自动调整动态曝光补偿，人脸追踪侦测，自动调整影像放大。

广义的人脸识别实际包括构建人脸识别系统的一系列相关技术，包括人脸图像采集、人脸定位、人脸识别预处理、身份确认及身份查找等；而狭义的人脸识别特指通过人脸进行身份确认或身份查找的技术或系统。

2．人脸方案配置说明

1）人脸方案组网及效果展示

一体机基于标准的视图库协议/私有协议（LAPI），接入智能设备（智能人脸 IPC、智能 NVR），来下发人脸库、接收人脸数据及报警消息等，可满足客户端人脸布控及数据查询等管理需求。人脸方案组网如图 4-142 所示。

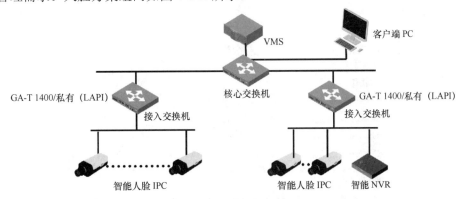

图 4-142　人脸方案组网

一体机可实现人脸库管理/布控、过人记录检索、报警记录检索和实时抓拍信息查看功能。人脸方案组网效果展示如图 4-143 所示。

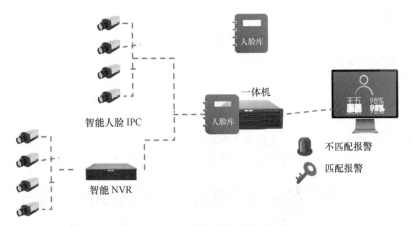

图 4-143　人脸方案组网效果展示

人脸方案组网配置步骤大致如下。
- 搭建组网环境。
- 准备好需要布控的人脸信息，包含姓名、性别、证件号等，以及对应的人脸图片。
- 将准备好的人脸信息导入一体机，并且布控下发至智能人脸 IPC 或智能 NVR。
- 布控完毕后，当有人员经过时，根据布控规则，产生对应的人脸匹配报警或不匹配报警。

2）人脸方案设备对接配置

（1）智能人脸 IPC 配置。

一体机若使用视图库添加摄像机，则用户在添加摄像机前必须在摄像机上完成视图库相关配置。

以宇视摄像机为例，在【系统配置】的【智能服务器】选项下配置参数，如图 4-144 所示。

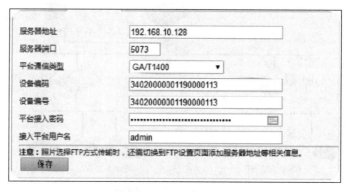

图 4-144　智能人脸 IPC 配置

- 服务器地址：一体机的 IP 地址。
- 服务器端口：5073。
- 平台通信类型：GA/T1400。
- 设备编码：参考视图库编码规范正确配置。
- 平台接入密码/用户名：上级视图库平台为一体机，则为一体机的用户名和密码。

（2）智能 NVR 配置。

一体机使用视图库添加 NVR，在添加 NVR 前，用户必须在 NVR 上完成视图库相关配置。

以宇视 NVR 为例，需要先在【配置】的 【平台配置】选项下选择 【视图库】：编辑下方添加的通道，输入其通道编码，通道编码参考视图库编码规范正确配置，如图 4-145 所示。

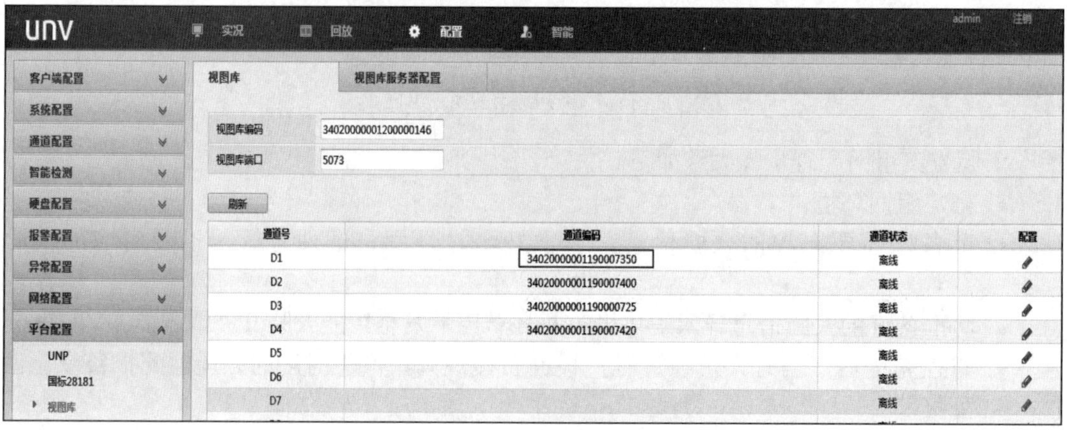

图 4-145　智能 NVR 配置

> **注意：**
>
> 当前在智能人脸 IPC—智能 NVR—VMS 的组网下，要保证正常传图，前端智能人脸 IPC 必须以私有协议（TMS）接入 NVR，上传人脸图片，暂不支持视图库接入方式，视图库接入可能会导致 VMS 侧无法收到人脸图片，所以此处视图库通道编码需要单独配置，无法像视图库接入一样，直接获取前端智能人脸 IPC 的视图库编码。

同时在【配置】的【平台配置】选项下选择【视图库 GA/T1400】，并且配置参数，如图 4-146 所示。

- 服务器地址：一体机的 IP 地址。
- 服务器端口：5073。
- 用户名和密码：上级视图库平台为一体机，则为一体机的用户名和密码。

3）VMS 接入智能设备

在 Web 客户端【基础配置】的【设备管理】选项下选择【智能编码设备】中的【添加智能设备】；可通过自动搜索及精确添加两种方式添加设备，如图 4-147 所示。

视图库协议添加的智能设备，添加成功后会在视图库状态一栏显示视图库状态。

图 4-146　配置参数

图 4-147　添加设备方式

> **注意：**
> （1）设备图片协议若使用视图库协议，则用户必须在设备上完成视图库相关配置。
> （2）VMS 仅做管理不做配置，若需正常使用智能业务，则要先完成 IPC/NVR 侧的智能相关配置，以人脸为例，需要在设备侧配置好人脸检测等参数。

3．人脸方案业务使用

一体机人脸识别当前拥有人脸库管理、人脸布控、实时监控、报警记录、过人记录五项功能模块。可实现人脸库的管理布控、过人记录检索、报警记录检索和实时抓拍信息查看，满足各类人脸识别的应用场景需求。

1）人脸库管理

人脸库管理：通过人员信息对人员进行分类管理，显示人员的基本信息及布控情况。

可以通过批量添加按钮逐个导入单个人员信息，也可以通过导入按钮以模板形式一次性导入多个人员信息，并且可将人员信息划归至已有的人脸库内。

添加完成后，具体人员信息会在列表中显示，我们可进行编辑与删除。人脸库管理如图 4-148 所示。

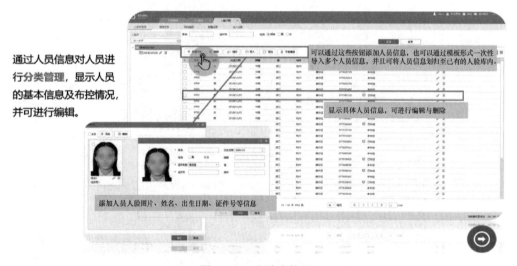

图 4-148　人脸库管理

2）人脸布控

人脸布控：选择布控时间和内容，建立布控任务，可以是匹配报警或者是不匹配报警。

匹配报警：若检测到的人脸与布控人脸一致，则产生报警信息，可在实时监控中查看和报警记录中回溯，适合嫌疑人追踪、VIP 用户管理等场景。

不匹配报警：若检测到的人脸不在布控的人脸内，则产生报警信息，可在实时监控中查看和报警记录中回溯，适合小区门禁登记等情况使用。

人脸布控如图 4-149 所示。

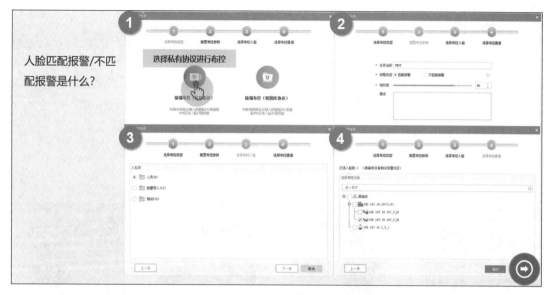

人脸匹配报警/不匹配报警是什么？

图 4-149　人脸布控

> **注意：**
>
> 已布控的任务若要新增人员，则可直接在库里增加，VMS 会自动下发人脸。

3）实时监控

实时监控：可查看监控点实时监控情况。单击报警记录可查看具体的报警信息及对应的人员信息。若接入设备支持防疫测温、口罩识别功能，还会显示人员体温和口罩信息，若设备不支持或未上报口罩或体温信息，则界面不显示数据标签。实时监控如图 4-150 所示。

图 4-150　实时监控

4）过人/报警记录

过人/报警记录：通过时间、人脸特征、体温、口罩等条件筛选过人记录。过人/报警记录如图 4-151 所示。

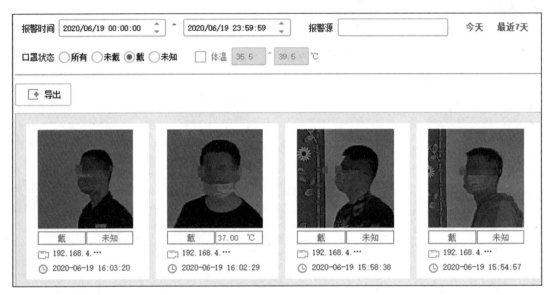

图 4-151　过人/报警记录

4.5　实操实训

4.5.1　浏览器控制球形摄像机实训

1．实训目的

掌握通过 PC 端浏览器的网页端控件的安装，并在计算机网页端查看摄像机的实况。

2．实训设备

浏览器控制球形摄像机所需设备见表 4-7。

表 4-7　浏览器控制球形摄像机所需设备

所需设备类型	数　　量
IPC-L672-IR 警戒球形网络摄像机	1 台
计算机（配显示器）	1 套
网线	1 根
PWR-DC1202-NB 电源	1 套

3．实训内容

以 IPC 的控件安装为例，用一根网线直连摄像机和一台未安装相关控件的计算机，通过计算机端浏览器获取图像信息，并且对设备进行实况预览、云台控制、普通巡航、预置位巡航、录制巡航，查看实际巡航效果和配置的巡航是否一致。

4．实训步骤

1）修改计算机IP 地址

摄像机初始 IP 地址为 192.168.1.13，将计算机 IP 地址修改为和摄像机相同的网段地址，不冲突即可。如修改 IP 地址为 192.168.1.10，如图 4-152 所示。然后在网页上输入摄像机 IP 地址 http://192.168.1.10，进入登录界面，如图 4-153 所示。

图 4-152　计算机端配置

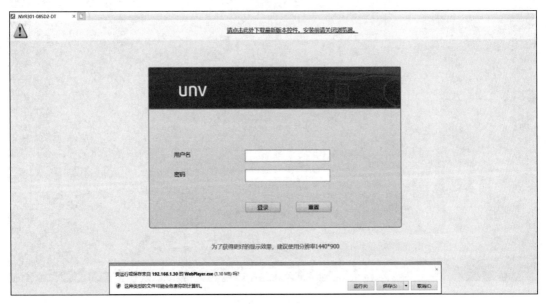

图 4-153　摄像机登录界面

2）下载控件

如果弹出需要下载控件提示，则单击【下载】按钮，下载最新控件，如图 4-154 所示。注意已经安装过该控件的计算机则不需要安装。

图 4-154　下载控件

3）画面预览

下载完成后进行安装，安装时务必关闭浏览器。安装完成后，重新进入登录界面，初始密码一般默认为 123456 或 admin，输入正确的密码后，进入实况界面，单击左下角的播放按钮，观看 IPC 的实况，如图 4-155 所示。

图 4-155　实况画面

4）云台控制

云台控制可对摄像机进行放大、缩小、转动、聚焦、速度调节、除雪等云台动作操作。云台控制面板如图 4-156 所示。

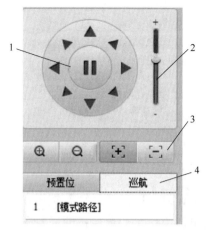

1—控制云台的上下左右转动；2—控制云台转动速度；

3—控制镜头的变倍与对焦；4—预置位和巡航功能

图 4-156 云台控制面板

5）巡航设置

巡航分为普通巡航、预置位巡航和巡航计划三种，要求分别对这三种巡航进行配置。

（1）普通巡航配置。

单击图 4-157 所示的巡航配置界面的添加按钮 ✚，进入"添加巡航"对话框，输入路线编号和路线名称后，单击【添加】按钮，选择动作类型、速度，填写持续时间、停留时间，单击【确定】按钮，配置完成。还可选中某个添加的动作类型，然后单击右边的箭头进行上下移动，配置巡航时先进行哪个动作，如图 4-158 所示。

图 4-157 巡航配置界面

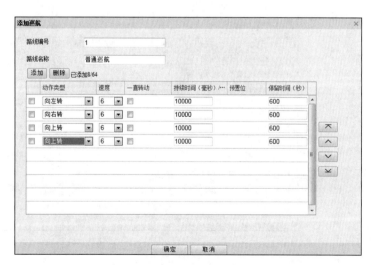

图 4-158 添加巡航

配置完成后，在巡航界面中就会显示刚刚配置好的巡航计划。巡航名称后的三个按钮分别为开始、编辑、删除，如图 4-159 所示。单击开始按钮，开始普通巡航，并且观察实际巡航效果。

图 4-159　巡航界面

（2）预置位巡航配置。

预置位巡航配置步骤与普通巡航相同，只是在动作类型中选择【转到预置位】选项（前提是需先添加预置位）。

在实况界面右下角选择预置位，单击【添加】按钮，进行预置位的添加，正确填写预置位编号和预置位名称，单击【提交】按钮，即可将摄像机当前处于的位置设为预置位。预置位添加好后，在"添加巡航"对话框中选择动作类型为【转到预置位】选项，如图 4-160 所示。

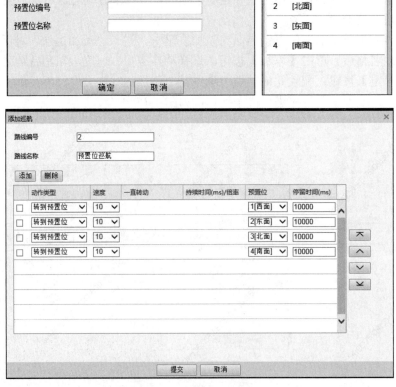

图 4-160　预置位巡航配置

单击【提交】按钮，配置完成，如图 4-161 所示。

（3）巡航计划。

在巡航配置小窗右下方单击巡航计划按钮，即开始进行计划配置，设置巡航的起止时间，调用的巡航路线，启用巡航计划后，保存生效，如图 4-162 所示。

图 4-161　预置位巡航配置完成界面

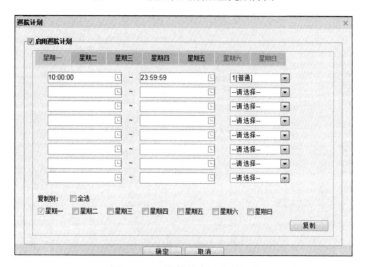

图 4-162　巡航计划配置界面

4.5.2　在 NVR 网页端添加 IPC 实训

1．实训目的

以手动添加和网段搜索两种方式添加 IPC 到 NVR。

2．实训设备

NVR 网页端添加 IPC 所需设备见表 4-8。

表 4-8　NVR 网页端添加 IPC 所需设备

所需设备类型	数　量	所需设备类型	数　量
NVR-B200-I2 智能 NVR	1 台	IPC-L2A3-IR 筒形网络摄像机	1 台
HD-Seagate ST1000VX001 硬盘	1 块	DC 12V 电源	1 套
计算机（配显示器）	1 套	网线	若干

3．实训内容

以手动添加和网段搜索两种方式添加 IPC 到 NVR；能通过显示器访问接入 NVR 的图像。

4．实训步骤

单击【配置】按钮，选择【通道配置】下的【IPC 配置】选项，添加摄像机到 NVR，单击【添加】按钮，如图 4-163 所示。

图 4-163　添加摄像机

1）手动添加

单击【添加】按钮后出现图 4-164 所示界面，里面的协议选择宇视，IP 地址填写摄像机的 IP 地址，端口填写 80，用户名和密码填写摄像机的用户名和密码。填写完成后，单击【保存】按钮即可。

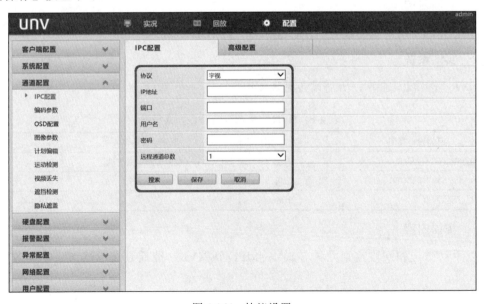

图 4-164　协议设置

2）网段搜索添加

单击【网段搜索】按钮，如图 4-165 所示。

之后弹出的界面如图 4-166 所示，勾选需要添加的设备，单击【确定】按钮即可。

图 4-165 网段搜索

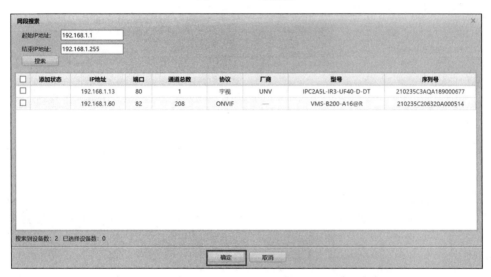

图 4-166 设备选择

添加完成后，在"IPC 配置"界面中可以看到刚添加的摄像机，如图 4-167 所示，状态一栏的图标为绿色，表示已经在线。在高级配置中可以修改该摄像机的 IP 地址、子网掩码、默认网关。单击【访问】链接，可以访问该摄像机的网页端并获取图像。添加在线后，NVR 默认是全天主码流存储录像，如果有需求要做修改，则在硬盘配置里做相应配置。

图 4-167 设备添加完成界面

4.5.3 NVR 端预览配置实训

1．实训目的

预览分屏选择 4 画面，轮巡间隔 8s，选择 4 个通道列表，在显示屏上观察效果。

2．实训设备

NVR 端预览配置所需设备见表 4-9。

表 4-9 NVR 端预览配置所需设备

所需设备类型	数　量
NVR-B200-I2 智能 NVR	1 台
HD-Seagate ST1000VX001 硬盘	1 块
显示器	1 台
IPC-L2A3-IR 筒形网络摄像机	1 台
IPC-E352-IR 半球形网络摄像机	2 台
IPC-L672-IR 警戒球形网络摄像机	1 台
DC 12V 电源	3 套
PWR-DC1202-NB	1 套
网线	若干

3．实训内容

通过 NVR 界面进行 4 台摄像机信号的浏览，并且设置画面切换、轮巡等操作。

4．实训步骤

选择【系统配置】下的【预览配置】选项，进入"预览配置"界面，配置预览参数，如图 4-168 所示。选择输出端口、分辨率，分屏数选择 4 分屏，轮巡时间为 8 s，轮巡开关打开，勾选 4 个需要预览的视频通道，在通道列表右侧的各个分屏内选择通道，单击【保存】按钮。在显示器上观察实况和轮巡效果。

图 4-168 NVR 端"预览配置"界面

4.5.4　NVR 录像检索与回放实训

1．实训目的

掌握回放界面的各个功能操作。

2．实训设备

NVR 录像检索与回放所需设备见表 4-10。

表 4-10　NVR 录像检索与回放所需设备

所需设备类型	数　　量
NVR-B200-I2 智能 NVR	1 台
HD-Seagate ST1000VX001 硬盘	1 块
显示器	1 个
IPC-L2A3-IR 筒形网络摄像机	1 台
IPC-E352-IR 半球形网络摄像机	2 台
IPC-L672-IR 警戒球形网络摄像机	1 台
DC 12V 电源	3 套
PWR-DC1202-NB	1 套
网线	若干

3．实训内容

要求完成对前端 4 路图像的录像进行回放，要求会使用普通回放、智能回放、标签回放、事件回放。

4．实训步骤

（1）单击【回放】按钮，打开"回放"界面，如图 4-169 所示。

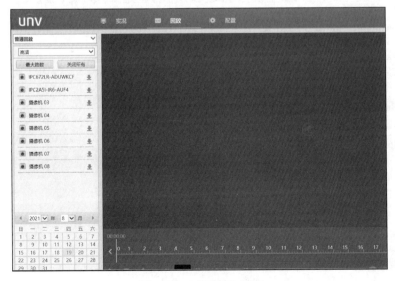

图 4-169　"回放"界面

（2）选择不同的回放类型，不同款型支持的回放类型也有所不同，如图 4-170 所示。

（3）选择某个通道或多个通道摄像机进行回放，如图 4-171 所示。

（4）选择需要回放的时间，如图 4-172 所示。

图 4-170　回放类型

图 4-171　按通道回放

图 4-172　时间选择

（5）回放工具栏按钮功能如图 4-173 所示，应学会使用各个功能。

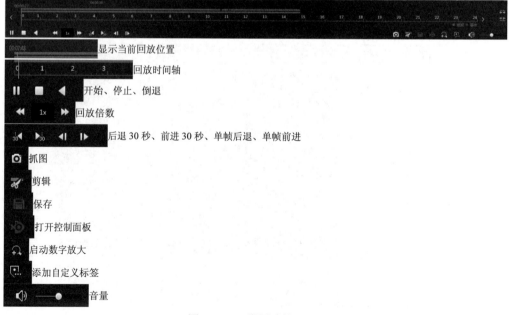

图 4-173　常用功能

4.5.5　VMS-B200 设备管理配置实训

1．实训目的

会使用 VMS-B200 添加设备并获得图像。

2．实训设备

VMS-B200 设备管理配置所需设备见表 4-11。

表 4-11　VMS-B200 设备管理配置所需设备

所需设备类型	数　量
NVR-B200-I2 智能 NVR	1 台
HD-Seagate ST1000VX001 硬盘	1 块
显示器	1 台
IPC-L2A3-IR 筒形网络摄像机	1 台
IPC-E352-IR 半球形网络摄像机	2 台
IPC-L672-IR 警戒球形网络摄像机	1 台
DC 12V 电源	3 套
PWR-DC1202-NB	1 套
网线	若干
VMS-B200-A16 视频监控平台一体机	1 套
HD-WD WD10PURX 硬盘	1 块

3．实训内容

在 VMS-B200 上使用自动搜索和精确添加两种方式添加设备在线。

4．实训步骤

在基础配置→设备管理→设备界面中，进行设备添加的操作，下面以添加编码设备为例进行说明。自动搜索添加设备如图 4-174 所示，单击【自动搜索】按钮，搜索到局域网内的大量编码设备，勾选需要添加的设备，选择宇视协议，选择相应的组织，输入正确的用户名和密码，单击【确定】按钮。如果未搜索到想添加的设备，则在 IP 地址框中输入一个网段，缩小搜索区域，单击【重新搜索】按钮，搜索出想要的设备并添加。

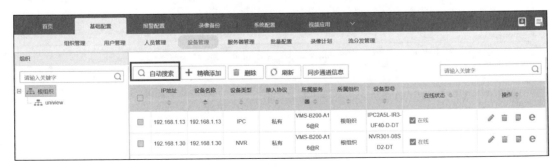

图 4-174　自动搜索添加设备

图 4-174　自动搜索添加设备（续）

在知道设备 IP 地址的情况下，使用精确添加设备方式更加方便，如图 4-175 所示，单击【精确添加】按钮，出现图 4-175 所示界面，选择私有协议，输入设备名称，选择相应的组织，端口输入 80，输入正确的用户名和密码，单击【确定】按钮，即可添加。

图 4-175　精确添加设备

设备添加完成后，如图 4-176 所示，设备状态显示在线和离线两种，用户名和密码填写错误、端口号填写不准确都会导致设备离线。

	IP地址	设备名称	设备类型	接入协议	所属服务器	所属组织	设备型号	在线状态	操作
☐	192.168.1.13	192.168.1.13	IPC	私有	VMS-B200-A16@R	根组织	IPC2A5L-IR3-UF40-D-DT	☑ 在线	✏ 🗑 📄 e
☐	192.168.1.30	192.168.1.30	NVR	私有	VMS-B200-A16@R	根组织	NVR301-08SD2-DT	☑ 在线	✏ 🗑 📄 e

图 4-176　设备状态

4.5.6　VMS-B200 实况业务配置实训

1. 实训目的

会使用 VMS-B200 查看图像并抓图，会图像缩放操作，会视图制作。

2．实训设备

VMS-B200 实况业务配置所需设备见表 4-12。

表 4-12　VMS-B200 实况业务配置所需设备

所需设备类型	数　　量
NVR-B200-I2 NVR	1 台
HD-Seagate ST1000VX001 硬盘	1 块
显示器	1 台
IPC-L2A3-IR 筒形网络摄像机	1 台
IPC-E352-IR 半球形网络摄像机	2 台
IPC-L672-IR 警戒球形网络摄像机	1 台
DC 12V 电源	3 套
PWR-DC1202-NB	1 套
网线	若干
VMS-B200-A16 视频监控平台一体机	1 套
HD-WD WD10PURX 硬盘	1 块

3．实训内容

具体实训内容如下。

（1）查看实况，选择分屏数，掌握实况播放的码流选择。

（2）掌握抓图和数字放大的功能。

（3）学会视图的制作和使用。

4．实训步骤

打开 VMS-B200 客户端界面，在控制面板中选择【实况】选项卡，进入实况界面。分屏数在左下角选择，选好分屏数后，选中其中一个分屏，然后左侧选择一个视频通道，右击，选择主流播放，如图 4-177 所示。

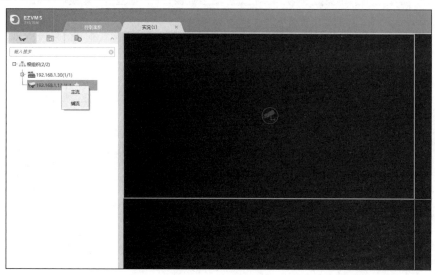

图 4-177　实况界面

也可以双击鼠标左键打开实况界面，再选中实况界面，右击，在码流类型中选择实况的码流。注意选择自适应时，当实况画面小于或等于4时，是主流播放实况，大于4时，是辅码流播放实况。前提是在IPC上已经启用对应的码流。

实况界面左下角第一个图标是抓图图标，右击该图标，即可抓取当前实况图片，如图4-178所示。

图 4-178　抓图界面

抓取的图片保存位置在客户端配置的图片界面中更改，包括抓图格式和图片保存路径，如图4-179所示。

图 4-179　图片保存路径

实况界面左下角第三个图标是数字放大图标，右击该图标，通过滑动鼠标滚轮进行图像放大操作，通过按住鼠标右键，进行图像上下左右的移动，如图 4-180 所示。

图 4-180　图像缩放

将想要制作在一个视图的视频通道进行实况操作，各自选择好码流类型，单击左下角的第二个图标，命名该视图名称，保存视图，如图 4-181 所示。关闭所有实况，单击播放按钮播放该视图，即可播放刚才开启的所有实况。

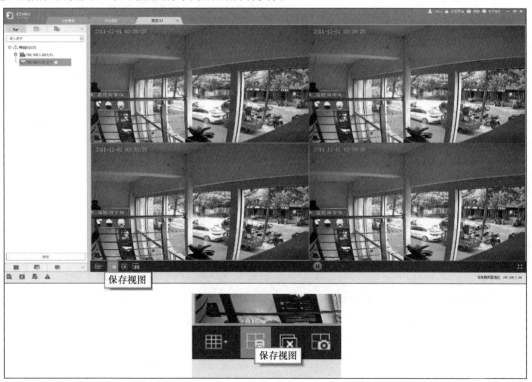

图 4-181　视图制作

4.5.7　VMS-B200 回放配置实训

1．实训目的

会使用 VMS-B200 回放录像，会下载录像到指定路径。

2．实训设备

VMS-B200 回放配置所需设备见表 4-13。

表 4-13　VMS-B200 回放配置所需设备

所需设备类型	数　量
NVR-B200-I2　智能 NVR	1 台
HD-Seagate ST1000VX001 硬盘	1 块
显示器	1 台
IPC-L2A3-IR 筒形网络摄像机	1 台
IPC-E352-IR 半球形网络摄像机	2 台
IPC-L672-IR 警戒球形网络摄像机	1 台
DC 12V 电源	3 套
PWR-DC1202-NB	1 套
网线	若干
VMS-B200-A16 视频监控平台一体机	1 套
HD-WD WD10PURX 硬盘	1 块

3．实训内容

具体实训内容如下。

（1）查找某路视频某个时间点的录像，掌握倍速回放和慢回放，实现多路视频的同步回放的操作，理解它们在实际应用中的意义。

（2）制作标签，学会标签回放的使用。

（3）设定录像下载路径，按时间下载一段 10 min 的录像，下载完成后找到录像位置并播放。

4．实训步骤

VMS-B200 的录像回放界面如图 4-182 所示，下面介绍图中的功能按钮。

（1）中心录像是指 IPC 录像存储在 VMS-B200 上的录像。

（2）设备录像是指 IPC 录像存储在 NVR 上或存储卡上的录像。注意，录像查询一定要根据录像实际存储的位置选择中心录像或设备录像进行查询，否则查询不到录像。

（3）录像查询有普通录像回放、标签录像回放、事件录像回放、智能录像回放四种方式，可根据实际需要进行选择。智能录像回放功能是普通录像快速回放，事件录像正常回放，节省录像查询时间。

（4）选择需要查询的视频通道录像，可以多选。

— 218 —

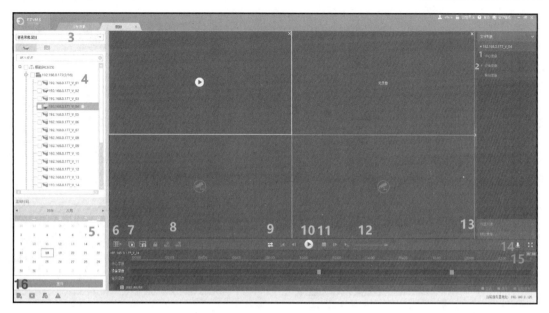

图 4-182 VMS-B200 的录像回放界面

（5）选择需要查询的录像时间。

（6）分屏选择按钮：回放分屏选择。

（7）关闭按钮：关闭所有回放录像。

（8）标签制作按钮：左边的是默认标签，右边的是自定义标签，可以自己命名。

（9）同步回放按钮：实现多路视频录像同步回放。

（10）播放按钮：播放分屏中的所有录像。

（11）停止按钮：停止分屏中的所有录像。

（12）播放速度滑条：控制录像的播放速度，-256～256 倍速的速度选择。

（13）查看标签列表，选择标签回放。

（14）录像下载按钮：下载录像使用。

（15）进行录像时间条的放大和缩小操作，便于录像时间点的准确查询。

（16）任务管理按钮：查看录像文件下载进度。

1）录像查询

打开 VMS-B200 客户端界面，在控制面板中选择【回放】选项卡，进入回放界面。根据要查询的 IPC 录像存储位置，选择中心录像或设备录像。选择需要查询录像的 IPC，可以选择多个，选择查询日期，单击【查询】按钮，查询录像。选择一个分屏，在播放速度滑条上选择播放速度，进行快进和慢放，实际应用中通常开始是快进回放，有事件发生时的时间段选择慢放，详细了解当时事件发生的情况。选择一个分屏，单击同步回放按钮，则以该分屏内的录像时间为准，同步其他分频的录像时间，实际应用中便于事件的查询。录像查询如图 4-183 所示。

图 4-183　录像查询

2）标签回放

标签的作用类似于书签，给录像反复查询带来了便利。选择一个回放分屏，选择一个播放时间点，单击自定义标签制作按钮，给标签命名。制作两个标签，如图 4-184 所示，双击标签，录像回放点即可回到标签的时间点。

图 4-184　标签回放

3）录像下载

录像下载的图片保存位置在客户端配置中的录像界面里更改，包括录像格式和录像保存路径。默认路径为 C:\User\Public\EZVMS\Record\，也可以根据实际需求修改，如图 4-185 所示。

图 4-185　录像下载路径

选择需要下载录像的分屏，单击【下载】按钮，选择【按时间下载】选项，填写下载起始时间和结束时间，选择【高速下载】单选项，单击【下载】按钮，开始下载录像，如图 4-186 所示。注意下载速度，一般选择高速下载，除非下行带宽很小的情况，才选择普通下载，在局域网内一般不存在该问题。

图 4-186　录像下载

单击任务管理按钮，查看录像下载的进度，如图 4-187 所示，单击操作中的文件夹图标，找到录像文件位置，打开录像文件进行播放。

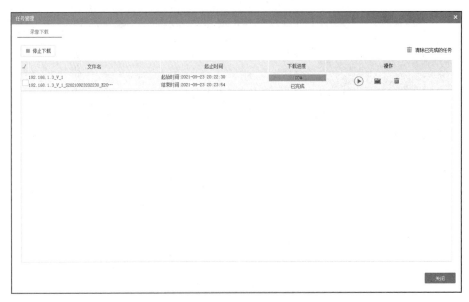

图 4-187　录像下载进度查询

4.5.8　NVR 监视器端添加 IPC 实训

1．实训目的

熟练掌握 NVR 监视器端自动添加 IPC 和手动添加 IPC。

2．实训设备

NVR 监视器端添加 IPC 所需设备见表 4-14。

表 4-14　NVR 监视器端添加 IPC 所需设备

所需设备类型	数　　量
NVR-B200-I2 智能 NVR	1 台
HD-Seagate ST1000VX001 硬盘	1 块
IPC-L2A3-IR 筒形网络摄像机	1 台
IPC-E352-IR 高清筒形网络摄像机	1 台
IPC-L672-IR 网络摄像机	1 台
NSW3110-16T2GC-POE 交换机	1 台
监视器	1 台
DC 12V/2A 电源	1 套
网线跳线	若干

3．实训内容

在 NVR 监视器端通过网段搜索自动添加 IPC 和手动添加 IPC 两种方式，并且在监视器上显示接入的 IPC 图像。

4．实训步骤

在 NVR 监视器端添加 IPC 至相应通道，有快速添加 IP 通道、搜索添加 IP 通道、手动添加 IP 通道多种途径。

1）快速添加 IP 通道

在实况预览界面，右击后选择【添加摄像机】选项，进入"添加 IP 通道"界面，如图 4-188 所示。

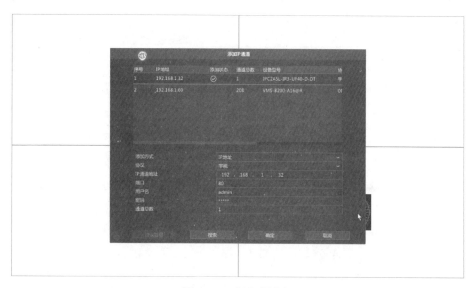

图 4-188　添加摄像机

选择摄像机，输入摄像机的协议、端口、用户名、密码，然后单击【确定】按钮，如图 4-189 所示，摄像机就会上线。

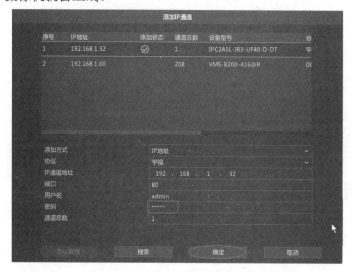

图 4-189　选择摄像机

选择【通道配置】下的【通道管理】选项，如图4-190所示。

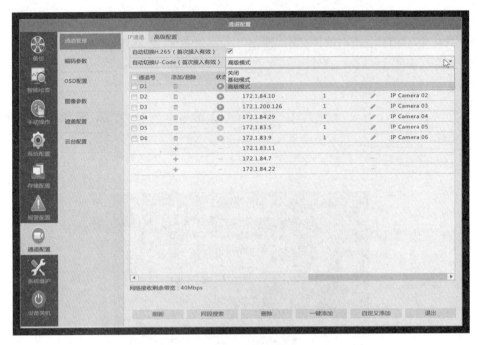

图4-190　通道配置

在"通道配置"界面中，选择是否自动切换H.265和自动切换U-Code，单击【+】按钮后，设备被自动连接到相应通道。

2）搜索添加 IP 通道

在"通道配置"界面中，单击【网段搜索】按钮，弹出"网段搜索"界面，如图4-191所示，可以指定网段搜索IPC，输入指定的IP网段，单击【搜索】按钮。

图4-191　网段搜索

从搜索出来的摄像机中选择一个，单击【添加】按钮，进入"添加 IP 通道"界面，如图4-192所示，单击【添加】按钮，IPC 将被添加到设备上。

如果选择多个 IPC，可单击【添加】按钮，进入"添加 IP 通道"界面，如图4-193所示。单击【确定】按钮，IPC 将被添加到设备上。

在"IP 通道"界面中查看连接状态，如图4-194所示。

在不超过设备路数的情况下，搜索到的所有 IPC（包括 ONVIF 协议接入）都能被添加到 NVR 中。如果"状态"为"在线"，则表明添加成功；否则检查网络或 IPC 用户名、密码等信息是否正确。

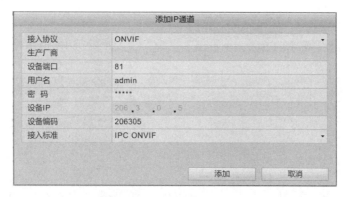

图 4-192　一个 IPC 添加 IP 通道

图 4-193　多个 IPC 添加 IP 通道

通道号	通道名称	添加/删除	状态	IP地址	编辑	重启
□ D1	IPCamera1	🗑	● 在线	206.3.0.196	✎	⟳
□ D2	IPCamera2	🗑	● 在线	206.6.0.25	✎	⟳
□ D3	IPCamera3	🗑	● 在线	206.6.0.22	✎	⟳
□ D4	IPCamera4	⊕				
□ D5	IPCamera5	⊕				
□ D6	IPCamera6	⊕				
□ D7	IPCamera7	⊕				
□ D8	IPCamera8	⊕				
□ D9	IPCamera9	⊕				
□ D10	IPCamera10	⊕				
□ D11	IPCamera11	⊕				

图 4-194　IP 通道状态

添加完成后，单击【配置】按钮，选择【通道配置】下的【IPC 配置】选项，看到添加的摄像机，状态图标为绿色，表示已在线。

注意：

用户还可以单击【主菜单】命令，选择【通道配置】下的【IP 通道】选项，进入"IP 通道"界面，单击【搜索】按钮实现搜索添加 IP 通道。

通过单击【搜索】按钮能快速搜索出设备路由可达的 IPC，也可以通过单击【指定网段搜索】按钮来添加不同网段下的 IPC。

若通过 ONVIF 协议添加的 IPC 未上线，则可以选择相应的通道，单击【编辑】按钮，进入"添加/修改"界面，修改为 IPC 实际的用户名和密码。

3）手动添加 IP 通道

在实况预览界面，选择【添加 IP 通道】选项，进入"添加 IP 通道"界面，如图 4-195 所示。

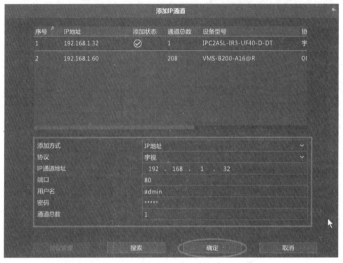

图 4-195　添加 IP 通道

输入接入协议为宇视，设备编码为自定义，输入设备端口、用户名和密码，单击【确定】按钮。可以通过 ONVIF 协议添加的 IPC 修改为 IPC 实际的用户名和密码。

在"通道配置"界面中，单击【自定义添加】按钮，弹出"添加/修改"界面，如图 4-196 所示。

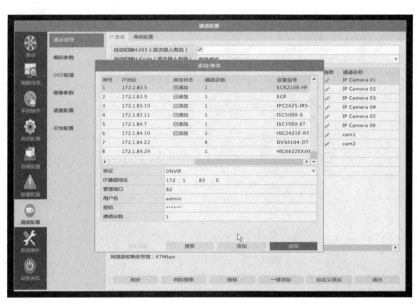

图 4-196　通道配置

选择设备接入协议类型，并且编辑相应参数，配置完成后，单击【确定】按钮。如果"状态"为"在线"，则表明添加成功；否则检查网络或 IPC 用户名、密码等信息是否正确。

4.5.9　字符叠加配置实训

1．实训目的

熟练操作 OSD 叠加内容，并且在 NVR 实况预览界面中显示。

2．实训设备

字符叠加配置所需设备见表 4-15。

表 4-15　字符叠加配置所需设备

所需设备类型	数　量
NVR-B200-I2 智能 NVR	1 台
HD-Seagate　ST1000VX001 硬盘	1 块
IPC-L2A3-IR 筒形网络摄像机	1 台
监视器	1 台
DC　12V 电源	1 套
网线跳线	若干

3．实训内容

在 NVR 上通过 OSD 配置通道名称、时间、字体、颜色等信息，在实况预览界面图像的最前端显示编辑的信息。

4．实训步骤

1）直接通过监视器设置

在 NVR 实况预览界面中右击【主菜单】命令，选择【通道配置】下的【OSD 配置】选项，如图 4-197 所示。

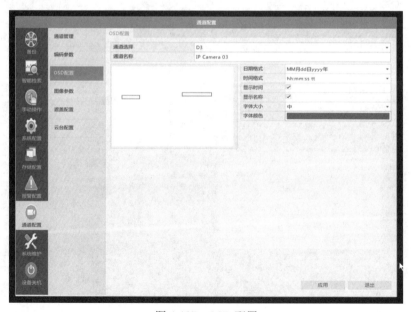

图 4-197　OSD 配置

单击【通道选择】下拉列表框，可选择通道，如图 4-198 所示。

单击【通道名称】下拉列表框，可修改通道名称，如图 4-199 所示。

同时可以根据实际情况修改日期格式、时间格式，如图 4-200 和图 4-201 所示。

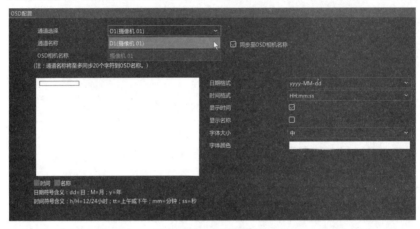

图 4-198　选择通道

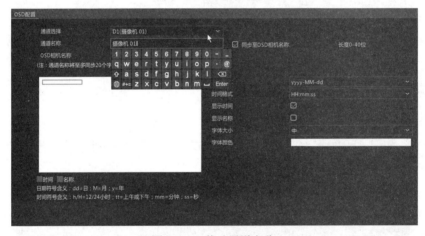

图 4-199　修改通道名称

图 4-200　修改日期格式

图 4-201　修改时间格式

在实况预览界面中，可根据需求选择显示时间、名称等字符叠加信息，也可不显示在通道视频显示前端。若需字符叠加信息，可勾选【显示时间】和【显示名称】复选框，关闭字符叠加信息可取消勾选，如图 4-202 所示。

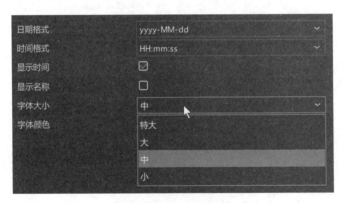

图 4-202　打开字符叠加

字符叠加信息不仅可以根据实况编辑通道名称信息，也可以打开或关闭显示信息，同时字体的大小、颜色根据实况需求进行修改。字符叠加的前端显示位置还可以自由移动。

在通道名称编辑完成的情况下，其中 1 路通道按要求设置后作为目标通道，可对其他通道的字符叠加信息进行复制操作，其他通道的前端显示会出现目标通道的字符叠加要求设置。复制字符叠加信息如图 4-203 所示。

信息复制完成后，单击【确定】按钮，实况预览界面所有通道会显示之前设置的字符叠加信息。

2）通过 NVR 网页管理界面，设置字符叠加

先在实况预览→配置→通道配置→OSD 配置界面进行参数配置，如图 4-204 所示。

图 4-203　复制字符叠加信息

图 4-204　OSD 配置

【通道选择】可选择所需要设置的通道号，【通道名称】可自定义通道名称，同时可以对【显示时间】与【显示名称】开启或关闭，根据自己的定义可修改日期格式、时间格式，字体大小等，还可以对显示时间、通道名称进行移动位置。

其他通道也可进行复制，勾选设置参数并保存，数据就会同步，如图 4-205 所示。

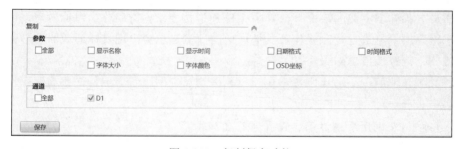

图 4-205　复制保存功能

在"OSD 叠加"界面选择通道，场名自定义，如图 4-206 所示，单击【保存】按钮。

图 4-206　OSD 叠加

配置完成后，可在实况预览界面中看到刚设置的 OSD 配置信息要求。

4.5.10　配置时间同步（NTP）实训

1．实训目的

会对 NVR、IPC 的时间与 NTP 服务器的时间进行同步操作。

2．实训设备

配置时间同步所需设备见表 4-16。

表 4-16　配置时间同步所需设备

所需设备类型	数　　量
NVR-B200-I2 智能存储一体机	1 台
HD-Seagate ST1000VX001 硬盘	1 块
IPC-L2A3-IR 筒形网络摄像机	1 台
监视器	1 台
DC 12V 电源	1 套
网线	若干

3．实训内容

在 NVR 的系统配置中，要求会把 NVR 的时间和摄像机的时间与 NTP 服务器的时间进行同步操作。

4．实训步骤

1）直接通过监视器设置

（1）在实况预览界面中右击【主菜单】命令，进入"系统配置"界面，如图 4-207 所示。

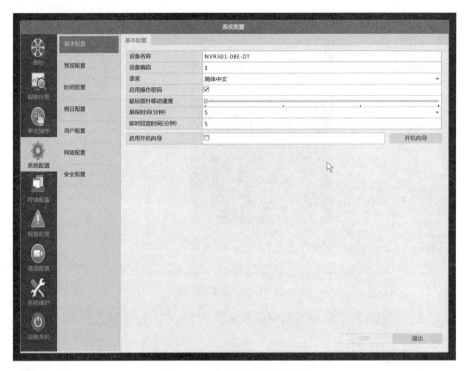

图 4-207 "系统配置"界面

（2）选择【时间配置】选项，打开"时间配置"界面，如图 4-208 所示。

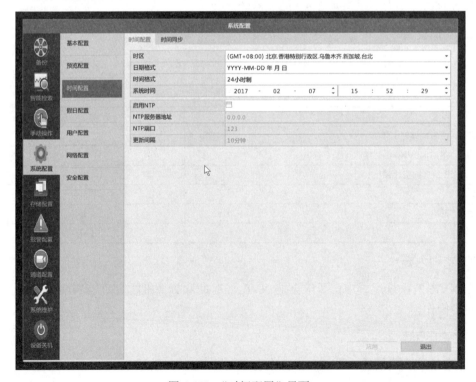

图 4-208 "时间配置"界面

（3）勾选【启用 NTP】复选框，NVR 的时间就会与 NTP 服务器的时间同步。

时间配置可以选择时区、日期格式、时间格式、系统时间等，根据需求选择。

网络时间协议（Network Time Protocol，NTP）服务器是用来使计算机时间同步化的一种协议，它可以使计算机对其服务器或时钟源做同步化，也可以提供高精准度的时间校正。启动时间同步，并配置 NTP 服务器 IP，如图 4-209 所示。

图 4-209　NTP 服务器 IP

摄像机通过 NTP 服务器进行校时，一般有以下两种情况。

第一种，自建 NTP 服务器，一般有设置网络时间服务器地址的选项，如图 4-210 所示，勾选即可自动同步。

时间配置	时间同步	
时区	(GMT+08:00) 北京.香港特别行政区.乌鲁木齐.新加坡.台北	▼
日期格式	YYYY-MM-DD 年 月 日	▼
时间格式	24小时制	▼
系统时间	2017 - 02 - 07　15 : 52 : 29	
启用NTP		
NTP服务器地址	0.0.0.0	
NTP端口	123	
更新间隔	10分钟	

图 4-210　NTP 服务器地址

第二种，设备如果连接到广域网，可以通过国家校时服务器校正，中国国家授时中心 NTP 服务器地址是 "ntp.ntsc.ac.cn"，NTP 端口为 123，如图 4-211 所示。

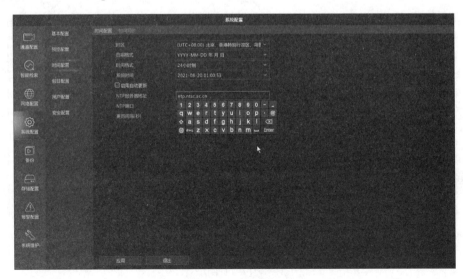

图 4-211　NTP 端口

NVR 时间与 NTP 同步时间设置完成后，还可设置摄像机的时间与 NTP 的时间进行同步，勾选【同步摄像机时间】复选框，摄像机的时间就与 NVR 的时间同步了。摄像机时间同步界面如图 4-212 所示。

图 4-212　摄像机时间同步界面

2）通过 NVR 网页管理界面设置

通过浏览器访问 NVR 管理界面，单击【配置】按钮，选择【系统配置】下的【时间配置】选项，如图 4-213 所示。

图 4-213　时间配置

配置时区、日期格式、时间格式等参数后，单击【同步计算机时间】按钮，NVR 系统的时间会自动同步计算机，同时开启【自动更新】单选项，单击【保存】按钮，NVR

系统的时间会根据计算机的时间自动更新。

NVR 时间与计算机同步时间设置完成后，还可以设置摄像机的时间同步，开启【同步摄像机时间】复选框，单击【保存】按钮，摄像机的时间与计算机的时间进行同步。

4.5.11　录像存储计划配置实训

1. 实训目的

通过对 NVR 的录像配置，熟练掌握 NVR 的存储计划配置。

2. 实训设备

录像存储计划配置所需设备见表 4-17。

表 4-17　录像存储计划配置所需设备

所需设备类型	数　　量
NVR-B200-I2 智能存储一体机	1 台
HD-Seagate ST1000VX001 硬盘	1 块
IPC-L2A3-IR 筒形网络摄像机	1 台
监视器	1 台
DC 12V 电源	1 套
网线	若干

3. 实训内容

对于 NVR 上的不同通道，可以具有多种不同的录像模式进行选择，可以进行手动启停录像、报警启停录像、按照时间表录像计划存储等多种模式，并且可以对各种录像模式下的录像参数配置进行不同设定。要求完成对 NVR 进行配置录像存储计划，实现普通录像、动检录像、智能录像。

4. 实训步骤

1）直接通过监视器设置

（1）手动录像。

对通道的音/视频数据进行手动录像（非计划录像和报警联动录像），并存储到硬盘中。

方法一：进入预览画面，选中待录像的窗格，单击 ▓，该通道即开始录像。若要停止手动录像，则单击 ▓，该通道即停止录像，如图 4-214 所示。

方法二：

① 在实况预览界面中右击【主菜单】命令，选择【手动操作】下的【手动录像】选项，如图 4-215 所示。

图 4-214　非计划手动录像

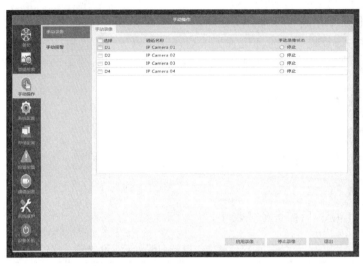

图 4-215　手动录像

②勾选需启动手动录像的通道，单击【启动录像】按钮，如图 4-216 所示，对应通道即开始录像，若要停止手动录像，则单击【停止录像】按钮，对应通道即停止录像。

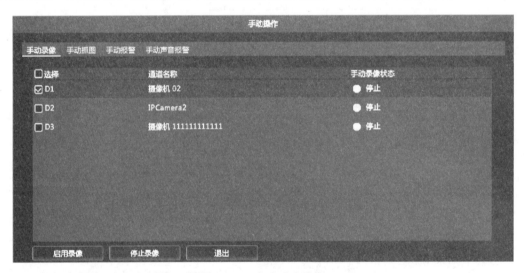

图 4-216　启动手动录像

（2）计划录像。

① 启动存储计划，单击【主菜单】命令，选择【存储配置】下的【录像配置】选项，如图 4-217 所示。

② 进入"录像配置"界面，选中需要启动存储计划的通道，勾选【启用录像计划】复选框，并且编辑计划录像，选择录像类型和时间，对要设置的录像通道进行计划录像并存储，如图 4-218 所示。

有两种存储模式。

独享存储：表示需要划分独享的区域用来存储通道录像，独享存储模式下需要配置通道独享的容量或天数。

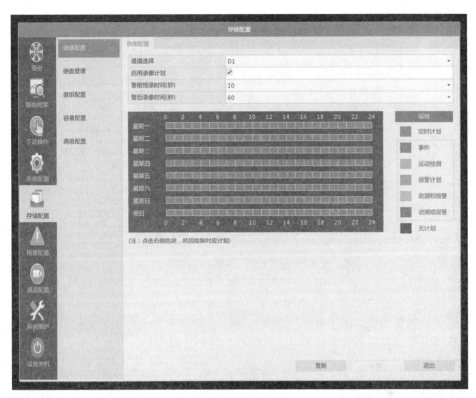

图 4-217　录像配置

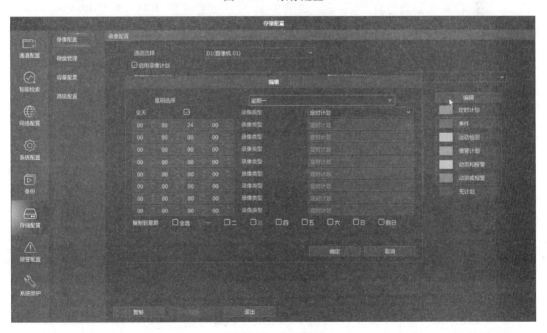

图 4-218　计划配置

共享存储：表示与其他通道共享存储资源。若不勾选独享存储即为共享存储。

单击进入"存储计划"界面，配置常规和例外存储计划，如图 4-219 所示。

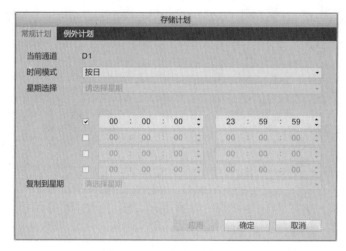

图 4-219 "存储计划"界面

> **注意：**
>
> 系统默认全天录像。停止存储计划只需选择相应的通道，取消勾选【存储计划】选项后的【启用】复选框。在例外计划当天，将只执行例外时间段的存储计划，其他日期则按常规计划进行。

③ 查看录像状态。

单击【主菜单】命令，选择【系统维护】下的【系统信息】选项，进入"录像状态"界面，如图 4-220 所示。

通道名称	类型	状态	码流类型	帧率(fps)	码率(Kbps)	分辨率
摄像机01	计划	● 录像中	主码流	25	2048	720X576(D1)
摄像机02	动检	● 录像中	主码流	25	2048	720X576(D1)
摄像机03	计划	● 录像中	主码流	25	1024	352X288(CIF)
摄像机04	手动	● 录像中	主码流	25	2048	720X576(D1)
摄像机05	计划	● 录像中	主码流	25	2048	720X576(D1)
摄像机06	计划	● 录像中	主码流	25	2048	720X576(D1)
摄像机07	计划	● 录像中	主码流	25	2048	720X576(D1)
摄像机08	动检	● 录像中	主码流	25	2048	720X576(D1)
IPCamera9	计划	● 录像中	主码流	25	4096	1920X1080(1080P)
IPCamera10	计划	● 录像中	主码流	25	4096	1920X1080(1080P)
IPCamera12	计划	● 录像中	主码流	12	2048	2592X2048
IPCamera13	计划	● 录像中	主码流	30	2048	1920X1080(1080P)
IPCamera14	计划	● 录像中	主码流	12	2048	2592X2048

图 4-220 录像状态

2）通过 NVR 网页管理界面设置

（1）普通录像：在实况预览界面的下方有个 ▣ ，单击它，可开启录像功能，如图 4-221 所示。

（2）计划存储：单击【配置】按钮，选择【通道配置】下的【计划编辑】选项，如图 4-222 所示。

图 4-221　普通录像

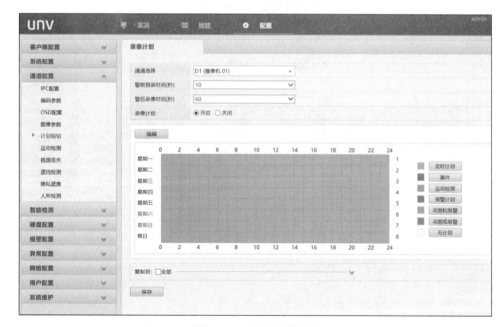

图 4-222　配置录像计划

选择对应通道，开启冗余录像和录像计划，如图 4-223 所示。

根据自定义要求设置通道的录像类型，可设置定时计划、运动检测、报警计划、动测和报警等类型，如图 4-224 所示。

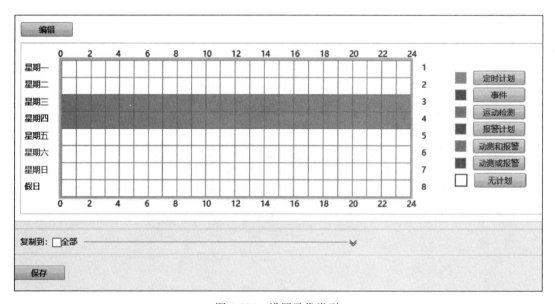

图 4-223　配置通道

图 4-224　设置录像类型

可对每天不同时间段、不同录像类型进行分段录像设置，如图 4-225 所示。

复制功能，一周内的一天设置完成后，可复制到任意一天，也可整周计划同步，如图 4-226 所示。

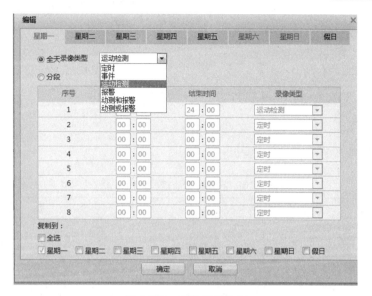

图 4-225 编辑录像计划

图 4-226 复制录像计划

设置完成后，可复制到其他通道，如图 4-227 所示。

图 4-227 复制通道录像计划

4.5.12　IPC 智能监控配置实训

1．实训目的

会使用 Web 界面对移动目标进行智能监控配置并验证。

2．实训设备

IPC 智能监控配置所需设备见表 4-18。

表 4-18　IPC 智能监控配置所需设备

所需设备类型	数　　量
IPC-L672-IR 警戒球形网络摄像机	1 台
计算机	1 台
网线	1 根
PWR-DC1202-NB 电源	1 套

3．实训内容

以 Web 界面访问摄像机实现智能监控、报警联动云台预置位功能等。下面以警戒球形网络摄像机为例进行智能监控配置。

4．实训步骤

单击【配置】按钮，选择【智能监控】选项，单击【自动跟踪】按钮，进入运动检测设置界面，如图 4-228 所示。

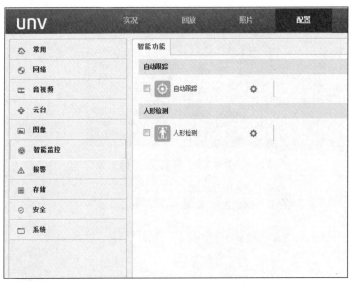

图 4-228　运动检测设置界面

1）自动跟踪功能配置

（1）勾选【自动跟踪】复选框，单击 ✿ 进行配置，如图 4-229 所示。

图 4-229 自动跟踪功能配置

（2）勾选【启动自动跟踪】复选框，如图 4-230 所示。

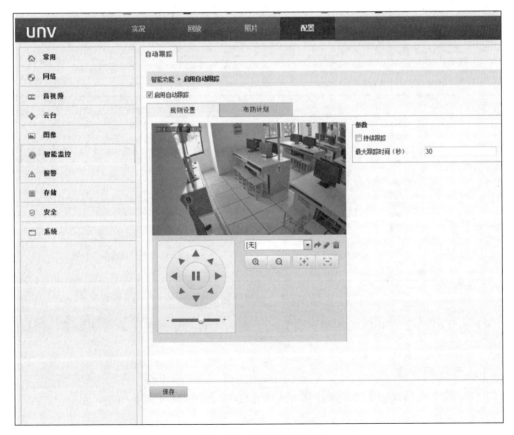

图 4-230 启动自动跟踪

（3）进行布防计划设置，要求布防 24 小时×7 天。布防方式有鼠标绘制布防时间、编辑表格布防时间两种，如图 4-231 所示。单击【保存】按钮完成操作。

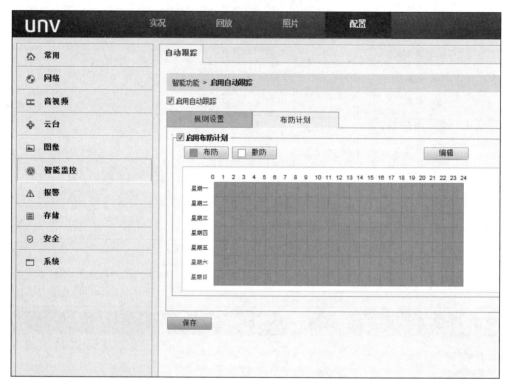

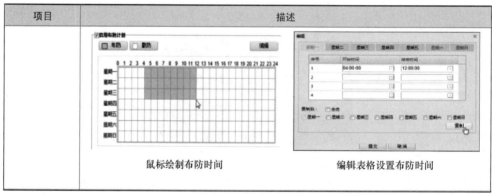

项目	描述
	鼠标绘制布防时间 编辑表格设置布防时间

图 4-231　布防计划设置

（4）人工制造出该 IPC 的实况画面有人员出入，查看摄像机是否自动跟踪，捕捉的画面如图 4-232 所示。

2）人形检测功能

（1）勾选【人形检测】复选框，单击 ⚙ 进行配置，如图 4-233 所示。

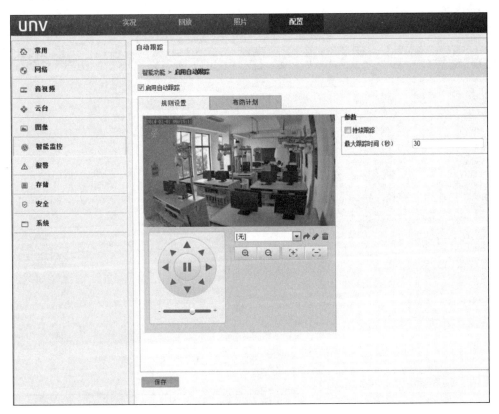

图 4-232　调试画面

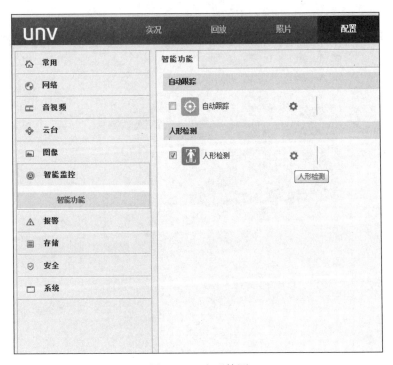

图 4-233　人形检测

（2）勾选【启动人形检测】复选框，如图 4-234 所示。

图 4-234　启动人形检测

（3）进行抓拍区域设置，如图 4-435 所示。

图 4-235　抓拍区域设置

（4）进行联动方式设置，如图 4-236 所示。如可设置声音报警、灯光报警，以及联动云台到事先设置好的预置位等。

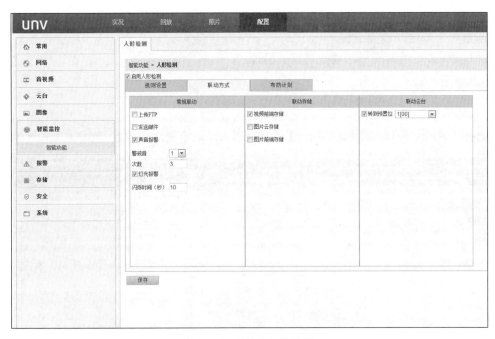

图 4-236　联动方式设置

（5）进行布防计划设置，要求布防 24 小时×7 天。

（6）单击【保存】按钮完成操作。人工制造出该 IPC 的实况画面有人脸出现状态，观察球机有无声音、灯光报警，并且转动到制定预置位。

4.5.13　NVR 运动检测配置实训

1．实训目的

会设置运动检测、遮挡检测等功能。

2．实训设备

NVR 运动检测设置所需设备见表 4-19。

表 4-19　NVR 运动检测设置所需设备

所需设备类型	数　　量
NVR-B200-I2 智能存储一体机	1 台
HD-Seagate　ST1000VX001 硬盘	1 块
IPC-L2A3-IR 筒形网络摄像机	1 台
监视器	1 台
DC　12V 电源	1 套
网线	若干

3．实训内容

运动检测是用来检测一段时间内一个矩形区域中是否有物体运动，可以设置检测区域的矩形框，设置其有效的区域位置和范围，设置检测的灵敏度、物体大小和持续时长，以便判断是否上报运动检测报警。

通过 NVR 对通道进行运动检测，并验证。

4．实训步骤

1）通道选择

选择【通道配置】下的【运动检测】选项，进入运动检测设置界面，如图 4-237 所示。

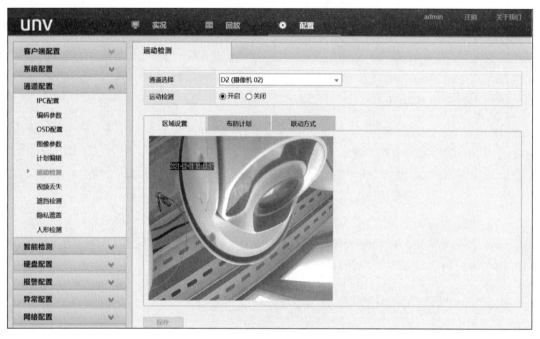

图 4-237　运动检测设置界面

选择需要做运动检测的通道，并且在区域设置下绘制需要运动检测区域，如图 4-238所示。通过鼠标左键拖动该区域的矩形框，设置其有效区域位置和范围。设置检测的灵敏度、物体大小和持续时长，以便判断是否上报运动检测报警。灵敏度越高，表示级别越高（区域内的微小变化也能被检测到）。当区域内的变化幅度超过物体大小，并且变化时长超过持续时长时，才会上报报警。物体大小是按照运动物体占整个检测框的比例来判断是否产生报警。如果想检测微小物体运动，则建议根据现场实际运动区域单独画一个小的检测框。当前区域的实时运动检测结果都能在下面的界面中显示，红色的线条表示会上报运动检测报警，线条越长表示运动物体运动量越大，线条越密表示运动频率越大。

图 4-238 区域与通道设置

2）进行布防计划配置

要求布防 24 小时×7 天。布防方式有鼠标绘制布防时间、编辑表格布防时间两种，如图 4-239 所示。

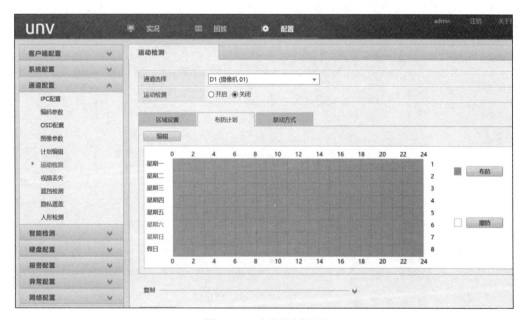

图 4-239 布防计划配置

图 4-239　布防计划配置（续）

3）联动方式设置

设置报警联动方式包括声音报警、发送邮件、联动存储等，如图 4-240 所示。要求检测到运动目标，则声音报警，当画面有物体运动时，系统发出鸣叫报警声音。

图 4-240　联动方式设置

4）调试

单击【保存】按钮完成操作。人工制造出该 IPC 的实况画面有物体运动状态，观察有无报警声音。

5）验证

模拟视频遮挡动作，并且验证。

4.5.14　NVR 智能检测配置实训

1．实训目的

会设置 NVR 端的智能检测，包括区域入侵、越界检测等。

2．实训设备器材

NVR 智能检测设置所需设备见表 4-20。

表 4-20　NVR 智能检测设置所需设备

所需设备类型	数　量
NVR-B200-I2 智能存储一体机	1 台
HD-Seagate ST1000VX001 硬盘	1 块
IPC-L2A3-IR 筒形网络摄像机	1 台
监视器	1 台
DC 12V 电源	1 套
网线	若干

3．实训内容

在 NVR 界面配置区域入侵、越界检测，并且进行验证。

4．实训步骤

1）基本配置

单击【主菜单】命令，选择【报警配置】下的【智能检测】选项，进入智能检测基本配置界面，如图 4-241 所示。根据实际情况，选择通道并勾选【存储智能图片】复选框。

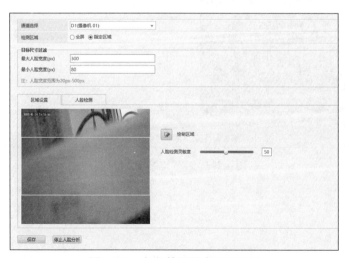

图 4-241　智能检测基本配置界面

2）区域入侵

单击【主菜单】命令，选择【报警配置】下的【智能检测】选项，进入区域入侵设置界面，选择通道，启用区域检测，绘制规则区域，可以针对不同规则，设置灵敏度、时间阈值等参数，如图 4-242 所示。最后设置联动方式和布防计划。

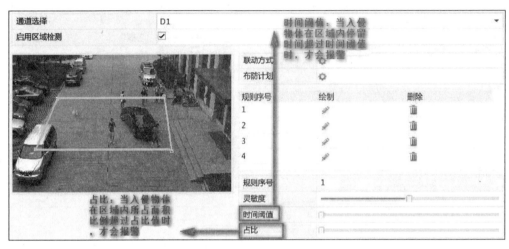

图 4-242　区域入侵设置界面

3）越界检测

单击【主菜单】命令，选择【报警配置】下的【智能检测】选项，进入越界检测设置界面，选择通道，启用越界检测，绘制规则，可以针对不同规则，设置方向和灵敏度，如图 4-243 所示。最后设置联动方式和布防计划。

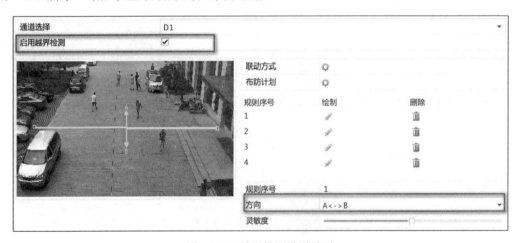

图 4-243　越界检测设置界面

习题 4

4-1　出入口控制系统的身份识别技术主要有哪些？请分别举几个例子。

4-2 宇视人脸门禁一体机有哪几种核验开门方式？

4-3 宇视人脸门禁一体机的人员导入方式有哪几种？

4-4 中小规模监控解决方案主要针对哪些场景？

4-5 简要阐述宇视推出的 VMS 系列产品的概念和特点。

4-6 在 VMS 局域网的组网方案中，单台 VMS-B200 可接入多少设备和通路，可扩容多少硬盘？

4-7 简要介绍 EZStation 的基本功能。

4-8 简要阐述智 U 产品特点。

4-9 常见实现视频预览的方法有几种？分别通过什么设备实现？

4-10 视频切换器的作用是什么？

4-11 一般常见的云台有几种？分别实现什么功能？

4-12 简述常见录像回放方式。

4-13 绘制 IPC、NVR、PC 构成简单的视频监控系统的架构图。

4-14 NVR 添加 IPC，一键添加和网段添加有什么区别？

4-15 如何配置通道名称及时间显示？

4-16 如何使 NVR 与 NTP 时间同步？

4-17 如何配置 NVR 通道的存储计划？

4-18 简述云台的种类。

4-19 简述云台的功能。

4-20 为什么与云台镜头设备间的连线要尽量短？

第 5 章

系统运维

5.1 软硬件资源管理与维护

5.1.1 IPC 常见问题处理

网络摄像机（IP Camera，IPC）是传统摄像机与网络视频技术相结合的新一代设备，除了具备一般传统摄像机所有的图像捕捉功能，还内置了数字化压缩控制器和基于 Web 的操作系统，使得视频数据经压缩后，可通过局域网、Internet 或无线网络送至终端用户。随着 H.264 与 H.265 数字视频编码标准的诞生，网络传输视频图像的质量也有了质的飞跃。下面介绍 IPC 经常出现的一些问题，以及如何解决 IPC 的这些问题。

1. 无法找到 IPC 的 IP 地址

问题描述：安装完 IPC，搜索器无法找到 IPC 的 IP 地址。

故障分析：网线、电源线故障；IPC 和计算机不在同一个网段。

解决方法：

首先检查确认网线和电源是否安装正确。

如果在确认其正确之后，还是无法找到 IPC 的 IP 地址，就要检查 IPC 的网段和计算机的网段是否一样。如果不一样，就需要把 IPC 的网段改成和计算机的网段一样，这样，计算机就能找到 IPC 的 IP 地址了。

2. 广域网无法观看画面

问题描述：IPC 连接好以后，局域网可以观看监控现场，但广域网却无法观看画面。

故障分析：

没有做端口映射。因为每个 IPC 都是要把信号传输出去，再通过监视器来实现观看的。如果没有做端口映射的话，信号就发不出去，信号仅在局域网里面，广域网无法接收信号，这使得广域网的监视器无法实时监控现场的情况。

计算机域名的问题。看看是否登录，一般来说，IPC 的广域网访问地址和域名是直接挂钩的，IPC 的广域网访问地址可以是计算机的广域网 IP 地址加端口号，也可以是用户的域名信息加端口号。

解决方法：

添加端口映射，将局域网信号传输到广域网。核对成正确的计算机域名、端口号。

3. 多个 IPC 中仅有一个有画面

问题描述：连接了多个 IPC，但只有一个 IPC 有画面。

故障分析：这是由于没有更改 IPC 的 IP 地址和端口号造成的，在连接多个 IPC 时，每个 IPC 的 IP 地址和端口号都不能一样，否则会有两个或以上 IP 地址和端口号相同，IPC 的视频就会产生冲突，视频会扭曲或根本不出现。假设信号是流水，端口号就是流水的出口，如果端口号有相同的，那么流水就会分开一边流到另外端口号相同的一个出口上，显然视频信号会有冲突，视频就不能正常播放出来。IPC 默认的 IP 地址和端口都是一样的，如连接了多个 IPC，但没更改这些 IPC 的 IP 地址和端口号，视频自然会有冲突，因而只能出现一个 IPC 的画面。

> **备注**：
> 同网段或者局域网的 IPC，是不需要关注端口号的。只有在做了端口映射的网络里，才会涉及端口号，需要保证端口号不同。

解决方法：更改 IPC 的 IP 地址和端口号。

4. IPC 经常掉线

问题描述：IPC 经常掉线。

故障分析：IPC 经常掉线的原因可归纳为两大问题：软件问题和硬件问题。

软件问题：简单地说就是由于 IPC 软件协议不匹配造成的。现在 IPC 更新速度较快，难免会出现一些软件问题。因此，选择知名品牌的同时，经常更新 IPC 的内部程序，就能很好地预防与解决软件问题。硬件问题：录像机资源不够，在 PC 录像机时代这个问题尤为突出，但不保证现在没有，尤其是在多路网络录像机满负荷运行时。另外，还有一个核心的硬件问题，就是传输问题，实际上这是重点。

（1）IPC 与 NVR 之间协议不匹配。

其主要原因是摄像机厂家品牌较多，尤其是旧项目改造工程，即使都是 ONVIF（开放式网络视频接口论坛）协议，但也存在一些小差别，因此在系统建设初期就要充分了解设备性能，选择设备体系，这和后期系统平稳运行有很大的关系。

维修解决方法是：首先升级前端和终端厂家最新的固件程序，然后根据建议设置标准兼容协议。

（2）网络交换机的数据交换速度跟不上。

这通常会引起数据堵塞。在网络时代，数据传输设备是核心，因而网络交换机是网络高清监控中的核心部分。模拟时代的传输部分只有线缆，而网络时代数据传输设备是核心，因此更换一个传输速率高的网络交换机即可解决这个问题。

（3）线路连接不稳定，网络状态不佳。

这种情况比较麻烦，因为不是靠升级程序和更换更好的交换机就能解决的，需要综合下列因素逐步排查解决。

① 综合考虑网络架构，是否串联的交换机较多，前端汇入交换机的带宽是否足够大。

② 是否由于水晶头老化引起的接触不良。

③ 线缆附近是否有干扰等问题。

这需要施工或维护维修的技术人员仔细地分析问题所在，并且逐步排查解决。现有专业的设备视频监控综合测试仪（工程宝），可以方便地排查网络系统中出现的问题。

5．IPC 透明罩轻度沾灰，影响画面效果

问题描述：IPC 透明罩轻度沾灰，影响画面效果。

解决方法：使用吹气皮球（气吹）吹落，如图 5-1 和图 5-2 所示。禁止使用有机溶剂（如苯、酒精等）对透明球罩进行清洁、除尘。

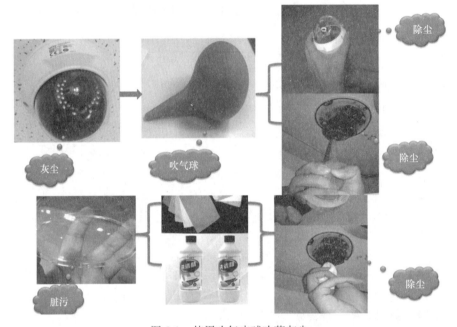

图 5-1　使用吹气皮球吹落灰尘

图 5-2　透明球罩除尘前后对比

6．红外光不共焦

问题描述：红外光和可见光不能同时聚焦。

故障分析：由于红外光、可见光的波长差异，在透过同一块玻璃时，折射率不同，所以成像焦点也不同，导致红外光和可见光不能同时聚焦，如图 5-3 和图 5-4 所示。这是行业共性问题，存在于绝大多数镜头中，部分日夜共焦镜头对改善该现象有效。

图 5-3　红外光不共焦的不清晰图像

—— 红外光　　—— 可见光

图 5-4　红外光不共焦解析图

解决方法：避免大面积红外光、可见光重叠的场景。

7. 激光发雾

问题描述：激光球在大气颗粒比较多时，如雾天、灰尘比较多的天气，在长焦下容易出现发雾现象，如图 5-5 所示。

图 5-5　激光球发雾现象

故障分析： 这是由于激光长焦下比常见红外灯能量更为集中，发雾是大气中颗粒反射激光后所必然产生的现象。

解决方法： 在大气情况较好的情况下进行测试。

8. 筒机、半球发雾

问题描述： 筒机、半球发雾。

故障分析： 分两种情况：由于设备内置红外灯在建筑物、外部景物上反光，引起图像发雾，如图 5-6、图 5-7 和图 5-8 所示；由于设备内部漏光、反光导致的设备图像发雾，如图 5-9、图 5-10 和图 5-11 所示。

图 5-6　标准球球罩反光

图 5-7　墙壁反光

图 5-8　电线等反光

图 5-9　球罩安装不紧凑，遮光棉丢失或氧化变硬，导致遮光棉漏光

图 5-10　未撕掉保护膜或玻璃罩磨损

图 5-11　筒机安装在护罩里开启红光时，护罩玻璃反光，导致图像发雾

解决方法：查看现场是否存在可能引起红外反光的物体，如天花板、横梁、墙壁、电线、树枝等，调整红外设备的方向，避开反光结构和物体。

确认安装是否正确，确认遮光棉是否正常，去掉球罩，排查问题，改善安装，或者更换球罩。

9. 昼夜反复切换

问题描述：设备在昼夜反复切换，一会儿画面很黑噪点较多，一会儿画面很亮，如图 5-12 所示。

图 5-12　设备周围有反光的结构，如球罩

故障分析：由于外部物体反光等导致。彩色模式下，随着环境变暗，达到切换黑白的阈值；切换黑白后自动开启红外光，由于红外光反射严重，画面很亮，达到切换彩色阈值，切换为彩色并关闭红外光；如此导致反复切换。

解决方法：避免出现红外灯过度接近墙面等外部反光物体，以免出现外部反光引起反复切换；不要在纸箱里测试红外光，纸箱内测试必然引起反复切换，如图 5-13 和图 5-14 所示。

图 5-13　对着墙壁、在纸盒里测试

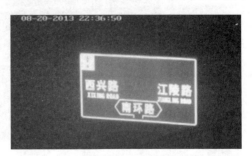

图 5-14　对着路牌等反光性较好的物体测试

10．手电筒效应

问题描述： 当红外灯角度比设备视场角小时，会出现手电筒效应，即画面看上去中间亮，四周暗，如图 5-15 所示。

图 5-15　手电筒效应（上图）与调整（下图）

故障分析： 这是由于红外补光角度比视场角小。

解决方法： 调整补光灯角度适应视场角（红外手动模式）；调整视场角适应补光角度（调整焦段）。

11．红外补光过暗

问题描述： 图像切换到黑白模式，场景亮度依然不够，感觉没有红外补光。

故障分析： 红外灯或激光没有开启；景物太远，补光不足；镜面反射的物体，红外灯没有反射回来，如图 5-16 所示。

图 5-16　红外补光过暗，视线受影响

解决方法：查看红外灯是否配置到手动模式，手动调节红外灯，查看画面亮度是否变化，确认红外灯是否正常；确认景物和设备的距离，查看是否符合摄像机的红外规格距离。

12.飞虫/灰尘反光

问题描述：夜间 IPC 画面出现大量飞舞亮斑的情况。

故障分析：飞虫和灰尘会在接近镜头时反射红外光，从而出现大量飞舞亮斑的情况，这属于正常现象，如图 5-17 和图 5-18 所示。环境中灰尘、飞虫反光，可关闭红外灯确认是否存在此问题；拖尾可能是降噪太大或开启慢快门导致。

图 5-17　迎着镜头飞行的灰尘变成亮斑　　　　图 5-18　平行镜头飞行的灰尘变成长拖尾

解决方法：降低红外灯强度，优化灰尘反射问题；拖尾可降低 3D 降噪、关闭慢快门优化。

13.宽动态暗区噪点较多

问题描述：开启宽动态等级不合适时可能会导致宽动态暗区有大量噪点，如图 5-19 所示。

图 5-19　画面右下角动态暗区有大量噪点

故障分析：宽动态等级不合适；开启宽动态后，提高了曝光补偿。

解决方法：适当调整宽动态等级、降低曝光补偿、降低锐度（适当牺牲清晰度）。

14.宽动态人脸偏暗

问题描述：宽动态场景下人脸看不清，如图 5-20 所示。

图 5-20　人脸看不清

故障分析：宽动态等级不合适；人脸占画面比例过小，调整人脸的大小能够使亮度提升；镜头脏或镜头质量较差。

解决方法：调整宽动态等级；调整人脸在画面中的大小；更换推荐镜头；提高曝光补偿，观察人脸亮度，亮度满足要求即停止调节；如果认为人脸亮度依然不够，可再调高亮度。

15．宽动态发雾

问题描述：宽动态发雾。

故障分析：开启宽动态后的图像，亮区和暗区的明暗对比减小，从而引起发雾，这是宽动态的正常现象，如图 5-21 所示。宽动态等级不合适也会加重画面发雾。

图 5-21　开启宽动态后明暗对比变小引起画面发雾

解决方法：适当调整宽动态等级；调整对比度、锐度。

16．宽动态横条纹/紫边/偏色

问题描述：宽动态开启后会加重紫边现象；50 Hz 灯光下，开启宽动态会出现横条纹；宽动态开启后会存在轻微偏色，如图 5-22 所示。宽动态会引入以上问题，属于行业共性问题，目前没有根本性解决办法。

图 5-22　画面中出现紫边、横条纹、偏色现象

故障分析：宽动态算法所导致，属于行业共性问题。

解决方法：调整饱和度能够缓解紫边现象；关闭 50 Hz 灯光能够消除横条纹，或者通过降低对比度来缓解；调整饱和度能够减轻偏色现象。

17．宽动态反复调节

问题描述：宽动态设置在自动状态时，出现宽动态状态反复开关。

故障分析：宽动态判断因素在临界值附近振动。

解决方法：强制开启或关闭宽动态，可使用场景切换规避临界问题。

18．车牌拖尾

问题描述：傍晚/夜间车牌存在拖尾现象。

故障分析：3D 降噪会产生运动物体拖尾，快门慢会产生运动物体拖尾，如图 5-23 所示。

 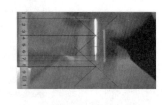 

图 5-23　运动物体拖尾，造成识别困难

解决方法：一般晚上快门需要达到 1/100～1/200 s 才能满足没有拖尾的要求；减小 3D 降噪能够改善车牌拖尾现象。

19．强光抑制

问题描述：车灯照射时会出现车灯过度曝光的情况，导致车牌无法识别，如图 5-24 所示。

图 5-24　车灯过度曝光，无法识别车牌

故障分析：这是车灯过度曝光导致的。

解决方法：调整设备安装角度来实现强光自然抑制，摄像机拍摄距离小于杆高的 6 倍才能达到自然抑制；开启强光抑制功能，适当调整强光抑制等级；拍摄车尾灯来规避强光，不过要注意跟车现象严重的道口容易出现过度曝光。

20. 车牌像素不足

问题描述：车牌像素不足无法识别，如图 5-25 所示。

图 5-25　车牌过小，无法识别车牌

故障分析：车牌过小导致无法识别。

解决方法：要求车牌横向像素达到 100 dpi 以上，这是保证车牌可识别的基本条件。

21. 横条纹

问题描述：在夜间路灯情况下，出现画面亮暗相间的条纹，这是行业共性现象，如图 5-26 所示。

故障分析：快门速度和路灯供电频率不协调导致的画面不同区域亮度随供电频率周期变化的结果；帧率和照明灯供电频率不匹配，横条纹会移动。

解决方法：快门速度设置不要超过 1/100 s；增加直流补光灯，把 50 Hz 市电供电的路灯亮度压下去；50 Hz 市电供电的照明，帧率调整到 25 帧。

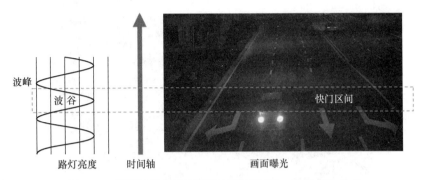

图 5-26 画面显示路面不同区域亮度不同，呈横条纹分布

22．鬼影眩光

问题描述：画面中出现不存在的光影和亮斑，随着运动光源的运动而运动，如图 5-27 所示。

图 5-27 画面右上角的亮斑会跟随运动光源移动

故障分析：由于光线在镜头内部来回反射，形成虚像，镜头硬件导致。

解决方法：和光源照射方向成比较大的角度能够改善此问题，或者通过测试场景来规避此问题；枪机等设备通过更换推荐型号的镜头来改善。

23．红外过曝

问题描述：车牌在红外灯下呈现一片白色，这属于正常现象；车牌在画面中占幅度比较大时，呈现浮雕效果，如图 5-28 所示。

故障分析：车牌的反光特性决定车牌在红外光下会过曝，车牌文字部分和蓝色部分红外反光特性一致；浮雕效果是由于文字突起的边缘导致的。

解决方法：目前没有完善解决方案，不建议 IPC 在红外光下看车牌。

24．噪点太多

问题描述：画面中存在大量噪点。

故障分析：环境照度较低；画面锐度过高；镜头光圈较小；外设影响。

解决方法：降低锐度，提高 2D、3D 降噪；适当开启慢快门；自定义曝光限制增益上限；将光圈调整到最大；增加补光灯。

图 5-28　红外过曝，呈现浮雕效果

25．画面太暗

问题描述：黑白、彩色画面亮度过低。

故障分析：环境照度较低；曝光补偿过低；曝光参数为手动曝光；镜头光圈较小；外设影响（护罩、镜头）；红外灯未开启。

解决方法：增加补光灯；提高曝光补偿（可能引入噪点）；调整曝光参数为自动；更换大光圈镜头；查看外设是否是推荐配置；开启红外灯；使用慢快门。

26．清晰度差

问题描述：图像不清晰。

故障分析：对焦不清晰；环境照度较低。

解决方法：确认对焦正常，不存在对焦不准、不共焦等问题；增加补光灯；调节图像参数优化：提高锐度、降低 2D 降噪、适当开启慢快门、自定义曝光限制增益上限。

27．白平衡偏色

问题描述：图像画面基本色调和人眼视觉有差异，如图 5-29 和图 5-30 所示。

图 5-29　画面偏红（示意图）　　　　　　图 5-30　画面偏黄（示意图）

故障分析：画面中大面积的相同颜色，如草坪、树林等；混合色温环境：存在多个色温差异较大的光源。

解决方法：调整饱和度能够降低偏色程度；PK 测试，交付录像可以手动调整白平衡。

28. 光芒现象

问题描述：图像画面中出现不存在的光柱，如图 5-31 所示。

图 5-31　画面左上角出现光柱

故障分析：设备和光源位置不合适，导致光源灯光在镜头内发生反光；由于护罩、镜头不干净导致。

解决方法：调整场景或给设备安装遮阳罩；确保护罩、镜头干净；更换推荐镜头会有所改善。

29. **清晰度不理想**

问题描述：画面中纹理密度较高的部分细节不能区分；画面全屏、局部模糊。

故障分析：镜头对焦没对好；视频流带宽不足；局部模糊可能为镜头平整度、传感器平整度不足导致。

解决方法：重新对焦；提升带宽；更换推荐镜头，更换平整度达标设备（新设备）。

30. **热浪现象**

问题描述：球机或枪机长焦时会出现画面扭曲的现象，这是自然现象，如图 5-32 所示。

图 5-32　画面出现扭曲现象

故障分析：物体表面热气产生的热浪现象，属于自然现象（程度较轻）；机芯结构件松动，导致成像扭曲（程度较严重）。

解决方法：调整到广角，热浪消失或减轻；拔掉球机内风扇电源，能够减轻扭曲现象，否则需要返厂紧固结构件。

31．反复聚焦

问题描述：聚焦反复调节，有物体经过时就会出现聚焦动作。

解决方法：将聚焦设置成一键对焦。

32．摩尔纹

问题描述：在规则纹理密集的区域出现不存在的彩色条纹，如显示器像素点、远处的栏杆、密集的方格、服装、人行道等区域，这属于业界共性问题，如图 5-33 所示。

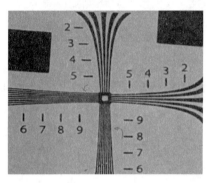

图 5-33　斑马线区域出现不存在的彩色条纹

故障分析：镜头分辨率比传感器分辨率高；图像分辨率比显示区域分辨率高。

解决方法：降低锐度；用低解像力的镜头；调整图像显示区域大小。

33．紫边（彩边）

问题描述：物体边缘存在紫色（少数可能为其他颜色）情况，多存在于物体明暗交界处。

故障分析：镜头对不同波长的光线折射率不同，在明暗交界处形成彩色边缘，学名称为色差，是镜头的固有特性。

解决方法：降低对比度；规避明暗交界场景；更换推荐镜头；检查护罩等外设。

34．呼吸效应

问题描述：实况或录像出现的律动现象，在纹理密集的区域容易观察到这种现象，低带宽会加重这种现象，如图 5-34 所示。

故障分析：由于国际标准 H.264 协议采用的 I 帧（I frame，常称"内部画面"）+P 帧的编码方式，导致图像会因为 I 帧间隔周期性律动，属于行业共性现象；律动的严重程度根据带宽会有明显的差异。

解决方法：提升实况码率带宽；降低帧率（非常规手段，引起图像不流畅感）；延长 I 帧间隔（降低呼吸频率）；降低锐度；提高 2D 降噪和 3D 降噪；调整码流平滑的值（效果较小）。

图 5-34　录像中出现律动（示意图）

35．昼夜不切换

问题描述：画面无法从黑白切换到彩色，或者无法从彩色切换到黑白。

故障分析：手动设置了强制彩色或强制黑白；环境照度变化（如开灯、关灯）不能达到切换条件。

解决方法：查看昼夜切换是否为强制状态；设置昼夜切换灵敏度为高。

36．局部模糊

问题描述：画面中的一部分存在模糊现象。

故障分析：景深问题（镜头固有特性）；镜头/护罩/玻璃等外设污染；镜头局部模糊（镜头个例，通过旋转镜头可以验证）；传感器平整度原因（设备个例）。

解决方法：缩小光圈、调整场景、更换镜头；擦拭镜头/护罩/玻璃等外设；更换镜头；更换设备。

37．色彩风格

问题描述：客户认为画面太过艳丽/暗淡。

故障分析：对比度不合适；锐度不合适；画面饱和度不合适。

解决方法：艳丽，降低画面饱和度、降低对比度、降低锐度、关闭宽动态；暗淡，更换场景、提高饱和度、提高对比度、提高锐度。

5.1.2　NVR 常见问题处理

1．IPC 接入离线

解决方法：

（1）检查配置。

① 检查设备编码、上行端口号、用户名和密码配置是否正确，网络是否连通及丢包。

② 确认摄像机是否为弱密码，修改为强密码确认接入情况。

③ 网络视频录像机（Network Video Recorder，NVR）侧使用的网口地址不能和监控在用网段冲突，需更改。

（2）收集信息。

① NVR 侧抓取与 IPC 的交互报文。

② IPC 和 NVR 的诊断信息。

2. IPC 在 NVR 上实况失败

解决方法：

（1）检查配置。

① 确认 IPC 本身实况正常且在 NVR 上已经上线。

② 检查实况时是否有码流：无码流，检查防火墙/杀毒软件是否关闭；有码流，可更换计算机登录测试，计算机显卡驱动有问题也会导致异常。

（2）收集信息。

① NVR 上对异常 IPC 进行抓包，然后复现问题，再停止抓包。

② IPC 和 NVR 的诊断信息。

3. NVR 侧录像异常丢失

解决方法：

（1）检查状态。

① 查看硬盘、阵列状态。

② 确认实况是否正常，查看 IPC 与 NVR 的网络连通状况；查看录像布防计划及录像类型。

（2）收集信息。

① IPC 和 NVR 的诊断信息。

② 反馈硬盘型号。

4. 报警布防异常

解决方法：

（1）检查配置。

① 检查报警类型状态（常开/常闭）和参数配置。

② 检查布防计划时间及假日等特殊配置。

③ 检查联动动作是否正确。

④ 检查 NVR 侧是否收到报警信息。

（2）收集信息

反馈报警上报的数据抓包，NVR 的诊断信息和 NVR 的操作及报警日志。

5.1.3 解码产品常见问题处理

1. 输出显示花屏、闪屏、蓝屏

问题描述：使用视频线缆连接解码器和大屏，解码器的信号输出到大屏上显示，但是大屏上显示花屏、闪屏、蓝屏等问题。

故障分析：

（1）解码器输出的信号本身有问题。

（2）解码器输出口故障，信号传输不佳、有衰减。

（3）拼接屏输入口故障，信号传输不佳、有衰减。

（4）视频线缆质量不佳，传输不稳定、有衰减。

（5）视频线缆接口处未插紧，传输不稳定、有衰减。

解决方法：

（1）排查信号问题。

可以把该信号输出到其他正常的大屏上来观察，如果无论这路信号输出到哪个大屏上都有相同或类似的故障，则可以判断是信号本身有问题，需要抓取码流报文给技术人员分析。

（2）排查解码器出口故障。

可以把其他大屏上显示正常的信号通过这个有问题的输出口输出到大屏，如果其他正常的信号通过这个输出口上墙都有类似的故障，则判断是输出口本身有问题。

（3）排查拼接屏输入口故障。

把其他大屏上显示正常的信号通过这个有问题的大屏输入口上到大屏，如果其他正常的信号通过这个大屏输入口上墙都有同样或类似的故障，则可判断是大屏输入口本身有问题。

（4）排查线缆质量不佳故障。

可以通过交叉替换线缆来确认，如果无论该线缆连接哪个解码器和大屏都有同样或类似的故障，则可判断线缆质量不佳引起了故障。

（5）排查线缆连接不佳故障。

可以通过拔插或插紧线缆来确认，如果通过这样的操作能够消除故障，则可以判断是连接处接触不良引起的，重新插紧线缆和接口的连接即可。

2．大屏开机黑屏

问题描述：按下大屏电源键，大屏没有正常开机，依然黑屏。

故障分析：

（1）插排未供电。

（2）电源线损坏。

（3）熔断器熔断。

（4）电源模块损坏。

解决方法：

（1）检查插排指示灯，如果灯是灭的，则说明插排本身没有供电，需要将插排开关打开。检查驱动板到液晶面板的供电连接线，拔插接头是否松动。

（2）确定电源线是否损坏。可以拔下液晶拼接屏的电源线，使用万用表测量下电压：将万用表挡位调到交流 280 V 以上，测量火线（L）电压正常值为 $220(1\pm10\%)V$；也可以更换一条电源线，如果更换电源线后可以正常开机，则说明原来的电源线损坏，需要更换。

（3）如果电源线损坏或电源线无电流输入，则需要再检查一下熔断器，如果熔断器熔断，则更换；如果没有熔断，则测量电源模块的 3.3 V、5 V、12 V、24 V 输出，如果输出不正常，则需要更换电源模块。

3. 大屏实况黑屏

问题描述：拖相机实况上墙显示黑屏。

故障分析：

（1）大屏未开机。

（2）大屏故障。

（3）信令协商失败。

（4）码流不兼容。

解决方法：

（1）检查大屏是否开机，如果未开机，则需要打开大屏电源开关；如果开机后仍然黑屏，则参考前文办法排查处理。

（2）如果排查到最后发现是大屏故障，则需要更换大屏。

（3）如果大屏没有故障，则需要从解码器侧进行排查：检查拖相机到电视墙这个过程有没有报错、信令有没有建立起来，这可以通过查看解码器 Web 页面的解码信息来确定，如果已经有码流信息存在，则说明信令协商成功且码流已经到达解码器，接着需要分析解码器和相机的码流是否兼容，可以抓取码流报文并反馈给专业人员进行分析。

4. 大屏蓝屏无信号

故障分析：

（1）线缆未恰当连接。

（2）线缆质量不佳。

（3）信号类型与大屏设定不符。

解决方法：

（1）由于有源线缆内含芯片，对传输方向有要求，如果是使用有源线缆，则需确认好线缆的方向，插紧线缆且不要接反输入端、输出端。接反线缆的情况一般在开始施工的阶段，在正常使用的过程中较少出现。

（2）线缆老化，质量太差，或者接口处未插紧导致接触不良，也可能引起蓝屏无信号的现象，因此，需要购买质量佳的线缆，规范施工，尽量避免设备在恶劣环境下工作，防止接口老化或接触不良的情况发生。

（3）检查大屏设置的信号接收类型和大屏设定的信号类型是否一致。

5. LCD 拼接屏碎屏

故障分析：

（1）安装、运输不规范。

（2）使用环境恶劣。

（3）人为损坏。

解决方法：

该故障需要更换整机解决。

6．LCD 拼接屏压力线

故障分析：

压力线为液晶面板的常见故障，安装运输过程中不规范的操作、使用环境恶劣等因素均有可能造成此类问题。

特别是在屏幕安装时，应当注意屏幕之间要留有足够的缝隙，避免上下屏幕之间相互挤压。

如果上方或左侧的控制信号传输线路受到损坏（通常为外力挤压），使控制信号无法正常传输，则导致对某一列或某一行的像素失控，便可能形成压力故障。

解决方法：

该故障需要更换整机解决。

5.2 例行维护与故障处理

设计、施工、验收是安全防范系统的先天之本，运行和维护管理是安全防范系统的后天养成。可视智慧物联工程的建设、运维、管理相关标准：GB 50348—2018《安全防范工程技术标准》、GA 1081—2013《安全防范系统维护保养规范》、DB33/T 830—2011《安全技术防范工程运行维护规范》等，在地方标准中，包括运行和维护保养，范围更广。

安全技术防范工程验收交付使用后，为保障安全技术防范工程正常运行提供专业的日常作业管理，以使安全技术防范工程处于正常工作状态。

可视智慧物联工程寿命周期成本中各项费用的比例如图 5-35 所示，其中除建设费用外，其他都是技术运维的费用。可视智慧物联工程设备在寿命周期内的故障曲线如图 5-36 所示，从系统的整个生命周期来看，安全技术防范系统通过正确的维护保养是能够增长其使用寿命的。

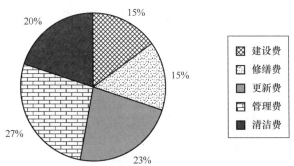

图 5-35 可视智慧物联工程寿命周期成本中各项费用的比例

（1）安全技术防范系统运行工作为安全技术防范工程验收交付使用后，为保障安全技术防范工程正常运行提供专业的日常作业管理，以使安全技术防范工程处于正常工作状态。

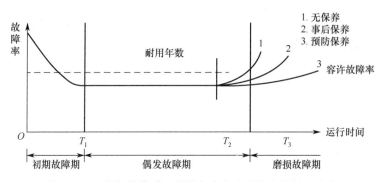

图 5-36 可视智慧物联工程设备在寿命周期内的故障曲线

（2）安全技术防范系统运行工作对建设、使用单位的要求如下。

- 运行原则：使用单位应保证系统正常运行的环境；故障发生后，应及时通知维护单位；应具有维护维修的条件。
- 运行要求：应指定值班人员并经过相关培训；单位应有相应的工具及专项经费。
- 运行内容：集成系统中各个子系统，主要是各设备、软件的使用情况，工作是否正常。
- 运行方法：值班管理（24 小时值班制度、巡检记录、交接班）和设备管理。

（3）安全技术防范系统维护工作主要是对安全技术防范工程处于正常的工作状态所进行的日常检查、复位调整、清洁和养护等工作；通过对软件、硬件设施的损坏进行修复或更换，或者对软件功能缺陷进行更新或更换等手段，使安全技术防范工程恢复到原设计要求的正常工作状态。

（4）安全技术防范系统维护工作的主要特性、内容与方法。可视智慧物联系统维护方法流程图如图 5-37 所示。

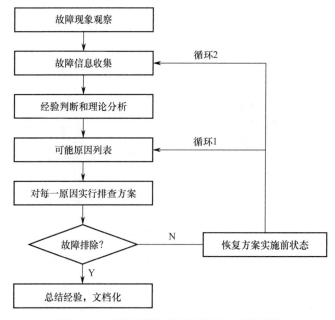

图 5-37 可视智慧物联系统维护方法流程图

- 及时性：0.5 小时响应、4 小时到达、8 小时修复（GA 1081 要求 1 小时响应）。
- 周期性：质保期不低于 1 年，参考使用寿命为入侵探测器 6 年、报警控制器 6 年、摄像机 6 年、数字录像机 5 年、监视器 5 年、矩阵主机 8 年、报警控制器备用电池 6 年。
- 特殊性：要针对节假日、重大事件及其他不可预见的特殊原因开展工作。
- 保密性：相关的岗位人员要签保密协议。
- 全面性：设备与系统的各环节，包括软/硬件、资料、操作员等。
- 安全性：应注意原设备与系统的安全可靠性。
- 物理检查：检查系统各个设备是否按照设计图纸标定位置存在，检查安装部件是否齐全，安装是否牢固，有无破损，标识是否清晰，接线是否正常等。
- 设备清洁：采用适当的方式，对设备内外进行必要的清洁，确保无影响监控效果的污物或覆盖物。
- 设备调整：根据防护需要调整摄像机的焦距、监控范围等，确保设备在最好状态或保持应有的探测效果；对摄像机/防护罩/云台/辅助照明装置等的安装固定构件进行养护调整；视情况调整电缆、光缆等的捆扎方式。
- 运行环境检查：检查设备探测区域的局部环境，重点检查前端有无影响监控效果、影响设备正常工作的因素，对异常情况进行调整或处理；检查设备运行所需的电气环境。
- 功能性能测试：根据设计及实际管理要求对系统各设备的功能及性能进行测试和调整，重点检查录像存储触发机制是否正常、录像存储时间是否符合设计要求，报警联动功能是否正常等。
- 系统校时：对系统进行校时，保证系统时间精度满足管理和使用的要求。
- 系统优化：根据系统运行情况及使用和管理要求，调整系统的相关设置参数，使系统监控效果、录像保存时间等性能更趋优化。
- 数据备份：对系统信息、设置数据及其他有利于保证系统安全，有助于系统快速恢复的数据资料进行备份。
- 问题处置：对于日常运行中出现的问题，经现场调整后仍无法满足要求的，应提出处置建议，征得建设使用单位同意后，采取相应的措施进行解决。
- 隐患排查：汇总维保过程中发现的问题，分析系统目前的健康状态，预测系统可能发生的问题，并提出处置意见。

5.2.1　记录系统异常时报警信息

1. 设备管理

本小节记录系统信息为 VMS-200B 管理平台运维方法，运维平台结构图如图 5-38 所示。通过饼图直观体现统计情况，可一键进入不同模块查看具体内容。

运维管理是设备运行状态的维护中心。

（1）其他状态：包含服务器状态、本地硬盘检测、网络状态检测、用户状态检测。

（2）设备状态：设备统计并直观体现在线设备分类及数量。

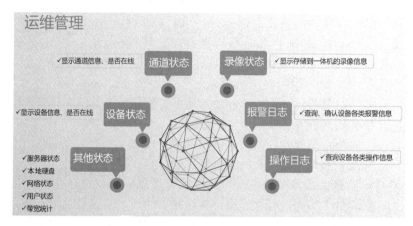

图 5-38　运维平台结构图

（3）通道状态：可查看接入 VMS 所有设备的通道状态，设备编解码通道、报警通道等状态查看，显示通道信息是否在线。

（4）录像状态：录像状态查看，显示存储到一体机的录像信息。

（5）报警日志：查询、确认设备各类报警信息。

（6）操作日志：查询设备各类操作信息。

2. 导出诊断信息

支持从 Web 客户端导出直连设备（IPC 和 NVR）的诊断信息；调试日志、查询结果；方便维护人员收集定位信息。导出诊断信息如图 5-39 所示。

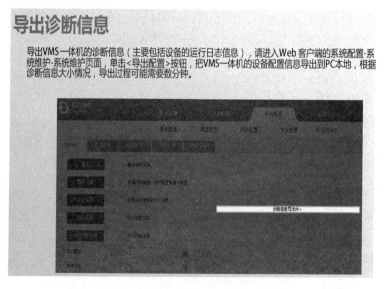

图 5-39　导出诊断信息

（1）诊断信息：包括实时诊断信息和历史诊断信息（最长 15 天）。

（2）实时诊断信息：要求设备在线。

（3）历史诊断信息：要求 NVR 在线（IPC 离线仍可以导出）。

5.2.2　分析系统异常时报警信息

1．网络抓包

通过 MVS 平台操作可以收集相关的实时网络数据，用来分析系统异常的原因是系统维护的重要方法与手段。MVS 平台支持开启多个 Web 客户端同时抓取不同条件限制的报文，方便维护人员收集定位信息（见图 5-40），平台包含以下功能。

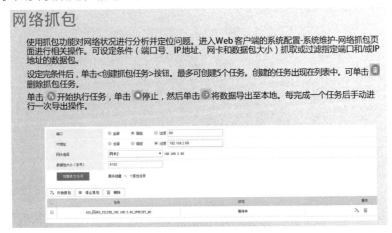

图 5-40　网络抓包

（1）最多 5 个抓包任务。

（2）设定条件的任务名中：SPECIFY 表示指定，FILTER 表示过滤。

（3）抓包过程中生成抓包文件。单个文件大小有限制（约 19.1 MB）。文件大小达到限制值时，对应的抓包任务自动停止。

（4）每完成一个任务后进行一次导出操作。每完成一个任务后需手动导出抓包数据。

2．网络监测

通过检测结果确定网络是否畅通，以及网络畅通状态下的连接状态（包括时延和丢包率）。进入 Web 客户端的"网络检测"界面进行相关操作，输入域名或 IP 地址后单击【开始检测】按钮，就会显示出检测结果，如图 5-41 所示。

图 5-41　网络监测

5.2.3 判别系统异常报警原因

1. 网络资源统计

显示一体机的网络带宽使用数据（见图 5-42）。带宽数据约每 5 s 刷新一次。

图 5-42 网络资源统计界面

（1）IP 通道接入：一体机从设备（如 IPC、NVR）接收实况流时的带宽使用情况。

（2）远程回放接入：一体机从设备（NVR）接收回放流时的带宽使用情况（如当客户端上播放 NVR 上的录像时）。

（3）远程预览：一体机发送实况流所使用的带宽（如当在客户端或电视墙上播放实况时）。

（4）远程回放及下载：一体机发送回放流所使用的带宽（如当在客户端或电视墙上进行回放，或者录像下载时）。

2. 媒体流传输策略

可设置媒体流传输策略和传输协议，以便当编码设备的输出带宽足够时，优先使用 TCP 协议（也可使用 UDP 直连）将媒体流直接传输给解码器进行上墙播放，不经过一体机转发，提高数据传输的可靠性和及时性，如图 5-43 所示。

（1）转发优先：设备的媒体流通过一体机转发给客户端。

（2）直连优先：首先尝试直接将设备的媒体流发送给客户端；如果发送失败，就再尝试通过一体机转发。

媒体流传输策略

系统配置 > 系统维护 > 媒体流传输策略

设置媒体流传输策略和协议,以便当条件满足(包括编码设备有足够的输出带宽)时,优先使用指定协议将媒体流直传给解码器进行上墙播放,不经过一体机转发,提高数据传输的可靠性和及时性。

添加			✕
设备		媒体流传输策略:	直连优先 ▼
请输入关键字 🔍		媒体流传输协议:	● TCP ○ UDP
☐☑ 🏠 根组织		注:部分解码器不支持TCP直连。	
☐ DX 206.9.12.43			
☑ DX 206.9.12.44			
☐ DC 206.9.14.55			

图 5-43 媒体流传输策略界面

5.2.4 处理系统异常报警

1. 设备接入离线问题排查思路

IPC/NVR 接入 VMS 离线时要检查设备编码、上行端口号、用户名和密码配置是否正确,网络是否连通及丢包;跨网段的需要确认 IPC/NVR 强密码接入;VMS 侧不使用的网口地址不能和监控在用网段冲突,排查思路流程图如图 5-44 所示。

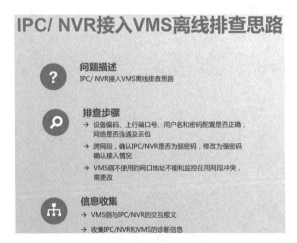

IPC/ NVR接入VMS离线排查思路

? **问题描述**
IPC/ NVR接入VMS离线排查思路

🔍 **排查步骤**
→ 设备编码、上行端口号、用户名和密码配置是否正确,网络是否连通及丢包
→ 跨网段,确认IPC/NVR是否为弱密码,修改为强密码确认接入情况
→ VMS侧不使用的网口地址不能和监控在用网段冲突,需更改

🖧 **信息收集**
→ VMS侧与IPC/NVR的交互报文
→ 收集IPC/NVR和VMS的诊断信息

图 5-44 排查思路流程图

(1)收集 IPC/NVR 与 VMS 之间的 sip 交互报文;收集 IPC/NVR 与 VMS 的诊断信息。检查下设备编码、上行端口号、用户名和密码配置正确,网络是否连通;跨网段的需要确认 IPC/NVR 强密码接入;VMS 侧不使用的网口地址不能和监控在用网段冲突。

(2)收集 IPC/NVR 与 VMS 之间的 sip 交互报文;收集 IPC/NVR 与 VMS 的诊断信息。

2. 实况失败问题排查思路

实况播放失败,首先确认配置是否正确,如果配置无误,那么需要抓包确认码流发送和接收是否正常，最后需要查看 IPC/NVR 和 VMS 的诊断信息确认异常状态情况。实况播放失败排查步骤如图 5-45 所示。

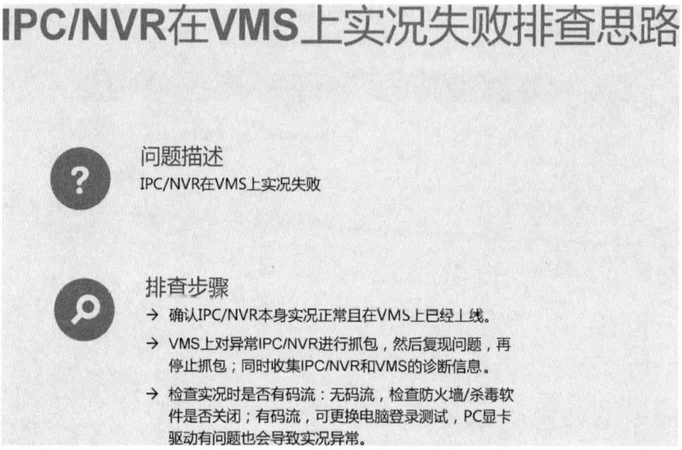

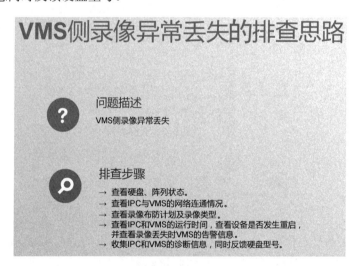

图 5-45　实况播放失败排查步骤

3. 录像异常丢失排查思路

VMS 侧录像异常丢失的排查思路如图 5-46 所示，首选确认硬盘和阵列状态是否正常；其次查看 IPC 和 VMS 的网络连通性并查看录像布防计划；然后收集 VMS 和 IPC 的运行时间，查看设备是否发送重启，并查看录像丢失的报警时间点，最后收集 VMS 和 IPC 的诊断信息同时反馈硬盘型号。

图 5-46　VMS 侧录像异常丢失的排查思路

4. 报警布防异常排查思路

报警布防异常排查思路如图 5-47 所示，首先需要排查报警类型、报警参数配置、然后检查布防计划是否正常，然后排查报警联动设置以及联动设备和配置是否正常，收集操作日志和诊断信息。

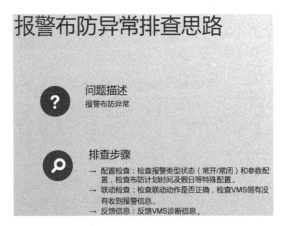

图 5-47　报警布防异常排查思路

5.2.5　反馈系统异常报警信息

根据系统运行情况及使用和管理要求，调整系统的相关设置参数后，处置对于日常运行中出现的问题，经现场调整后仍无法满足要求的，应提出处置建议，征得建设使用单位同意后，采取相应的措施来解决。汇总维保过程中发生的系统异常报警信息，分析系统目前的健康状态，预测系统可能发生的问题，提出预防处置建议，并且撰写维护日记，填写表格记录维修内容并归档，相关文档如下。

1．维护勘察表

维护勘察表见表 5-1，系统勘查是做好系统维护工作的基本保证，一般在系统维护实施前进行。系统勘查是为了全面掌握系统设备、设施的数量、安装位置、功能性能、工作状态和故障情况等，为系统维护方案编制、系统维护实施等打下坚实基础。

表 5-1　维护勘察表×××系统表

维护团队（公司名称）								
勘察内容								
勘察对象				功能	工作状态			备注
编号	设备/实施	型号/序号	位置		正常	故障	故障现象	
***系统勘察综述								
勘察人		签字　　　　年　月　日		运行维护负责人		签字　　　　年　月　日		

2. 系统维护要求表

系统维护要求表见表 5-2。

表 5-2　系统维护要求表

序号	维护内容与要求				维护说明
	维护项目	维护对象	维护内容	维护要求	
1	系统设备设施				
2	防护效能				
3	系统评价、优化				

3. 系统维护记录表

系统维护记录表见表 5-3。

表 5-3　系统维护记录表

设施/系统名称		日期	
位置/范围		类别	
运行维护团队（公司）名称			
维护内容			
维护情况和结果			
问题/建议			
维护人	签字　　　　　年 月 日	运行负责人	签字　　　　　年 月 日

4. 故障分级和处理要求参考表

故障分级和处理要求参考表见表 5-4。应根据安全防范系统规模和分布的实际情况，提出符合安全防范管理要求的具体响应时间和解决时间。

表 5-4　故障分级和处理要求参考表

等级	故障描述	响应时间	解决时间
一级	系统崩溃导致大范围系统和设备停止运行数据丢失等故障		
二级	系统部分功能和设备异常，但系统能正常运行		
三级	系统和设备报错或警告，但系统和设备能继续运行且性能不受影响		

5. 故障维修及反馈情况记录表

故障维修及反馈情况记录表见表 5-5。

表 5-5 故障维修及反馈情况记录表

设备/设施系统名称		型号/序号	
位置		子分部/系统名称	
维护团队（公司）名称			
故障描述现象			
故障原因分析			
维修步骤			
维修结果及反馈意见			
客户评价			
维修人	签字 年 月 日	运行负责人	签字 年 月 日

　　通常，通过系统维护可以积累大量系统设备的运转状态数据，因此，针对系统设备的优化建议，应考虑在系统维护数据基础上进行。此外，系统优化建议应基于原系统。由于事关系统防护效能、系统安全等，制定的优化整改方案，要征得建设（使用）单位的许可方能实施，并且保证能够实现优化目的。

　　维护工作效果主要涉及系统防护效能的评价。建议根据安全防范系统使用年限、使用环境、运行状况等，委托第三方检验机构进行客观、规范的评价。

习题 5

5-1　IPC 出现掉线情况的原因可能是什么？如何解决这一问题？

5-2　将 IPC 添加到 NVR 上后无法实况怎么办？

5-3　视频监控大屏上出现黑屏的原因可能是哪些？

5-4　黑名单中人物在通过人脸识别设备时抓拍不报警，可能的原因有哪些？

5-5　给出 IPC/NVR 设备接入 VMS 离线问题排查思路。

5-6　给出 IPC/NVR 在 VMS 上实况失败问题排查思路。

5-7　给出 VMS 侧录像异常丢失排查思路。

5-8　给出报警布防异常时的排查思路。

5-9　可视智慧物联系统的运行和维护管理是系统的后天养成，可视智慧物联工程的建设、运维、管理与之相关的国家标准、行业标准有哪些？运行和维护管理的一般方法、内容与过程有哪些？

5-10　在 VMS-B200 管理平台下可以查看设备运行状态的哪些内容？如何导出诊断信息？

5-11　IPC/NVR 接入 VMS 离线、实况播放失败、VMS 侧录像异常、布防异常报警等故障如何排除？

5-12　VMS 平台操作可以收集相关的实时网络数据，用来分析系统异常的原因是系统维护的重要方法与手段，在平台下如何实现网络抓包？

反侵权盗版声明

电子工业出版社依法对本作品享有专有出版权。任何未经权利人书面许可，复制、销售或通过信息网络传播本作品的行为；歪曲、篡改、剽窃本作品的行为，均违反《中华人民共和国著作权法》，其行为人应承担相应的民事责任和行政责任，构成犯罪的，将被依法追究刑事责任。

为了维护市场秩序，保护权利人的合法权益，我社将依法查处和打击侵权盗版的单位和个人。欢迎社会各界人士积极举报侵权盗版行为，本社将奖励举报有功人员，并保证举报人的信息不被泄露。

举报电话：（010）88254396；（010）88258888

传　　真：（010）88254397

E-mail：　dbqq@phei.com.cn

通信地址：北京市万寿路173信箱

　　　　　电子工业出版社总编办公室

邮　　编：100036